Ehrhardt / Neumann / Schmidt / Wessig

Säure-Basen-Gleichgewicht des Menschen

Säure-Basen-Gleichgewicht des Menschen

Grundlagen, Bestimmung und Interpretation
in Diagnostik und Therapie

von

Dr. med. Waltraud Ehrhardt
Oberärztin in der Abteilung für Anästhesie
und Intensivtherapie

Dr. rer. nat. Harald Neumann
Oberassistent in der Abteilung für Klinische Chemie
und Laboratoriumsdiagnostik

Dr. rer. nat. Lothar H. Schmidt
Leiter der Abteilung für Klinische Chemie
und Laboratoriumsdiagnostik

MR Dr. med. Heinrich Wessig
Chefarzt der Abteilung für Anästhesie
und Intensivtherapie

im Bezirkskrankenhaus Görlitz

Mit einem Geleitwort von Prof. Dr. Dr. K. Lang,
Bad Krozingen

Mit 49 Abbildungen und 20 Tabellen

Dr. Dietrich Steinkopff Verlag, Darmstadt, 1975

Lizenzausgabe des Verlages Theodor Steinkopff, Dresden

LSV-Nr. 2015:
ISBN-13:978-3-7985-0420-2 e-ISBN-13:978-3-642-85291-6
DOI: 10.1007/978-3-642-85291-6

Gesamtherstellung: Offizin Andersen Nexö,
Graphischer Großbetrieb, Leipzig, III/18/38-5

Geleitwort

Der Wasser- und Elektrolythaushalt und seine Regulation ist ein Grenzgebiet verschiedener Disziplinen und wird daher häufig in Forschung und Lehre stiefmütterlich behandelt, und zwar trotz seiner großen praktischen Bedeutung. Katastrophen im Wasser- und Mineralhaushalt sind nicht selten. Sie bedingen eine elementare Gefährdung des Lebens. Ihre Erkennung, Verhütung und Behandlung ist aber bei einem fundierten Wissen leicht und dankbar, zumal die klinische Chemie heute die zur Diagnose und Verfolgung der Behandlung notwendigen Daten zur Verfügung stellen kann. In der neueren Zeit sind dankenswerterweise einige kleinere Monographien über den Wasser- und Elektrolythaushalt sowie seine Diagnostik und Therapie erschienen.

Das vorliegende Buch wendet sich an einen Leserkreis, der sich tiefergehend mit diesen Problemen beschäftigen möchte. Das Buch umfaßt neben einem physiologischen und pathophysiologischen Teil auch ein eingehendes Kapitel über die erforderliche Therapie sowie eine eingehende kritische Beschreibung der Methoden, die zu der Verfolgung des Mineralstoffwechsels und Säure-Basen-Haushaltes zur Verfügung stehen.

Bad Krozingen, Mai 1974 Konrad Lang

Vorwort

In der Gesamtheit eines lebenden Organismus ist das Säure-Basen-Gleichgewicht ein sehr kleiner, wenn auch vielfach verflochtener Teil. Die Darstellung eines Details erhöht dessen Wert, aber die Einzelheit ist der Gesamtheit als Bestandteil untergeordnet. Deshalb haben die Zusammenhänge den Vorrang vor der weiteren Zergliederung und das Feld der Zusammenhänge gestattet dem Detail keine Vorzugsstellung.
Der *p*H-Wert hat einen entscheidenden Einfluß auf den Ablauf biochemischer Reaktionen. Störungen des Säure-Basen-Gleichgewichtes können lebensbedrohliche Ausmaße annehmen. Die Kenntnis der Säure-Basen-Größen des Blutes besitzt deshalb klinisches Interesse.
Die methodischen Entwicklungen der *p*H-Meßtechnik haben die rasche Einführung der Bestimmung der Säure-Basen-Größen des Blutes in das klinisch-chemische Routinelabor ermöglicht.
Das Anliegen unseres Buches ist es, dem an den praktischen Fragen des Säure-Basen-Gleichgewichtes des Menschen interessierten Kliniker und Laborfachmann eine Einführung in die Terminologie, die physikalisch-chemischen und physiologischen Grundlagen, die Meßtechnik und in die Informationsverarbeitung zu geben.
Abseits der großen medizinischen Forschungsstätten wagten wir die Bearbeitung eines so diffizilen Gebietes. Unsere Position ist dabei gekennzeichnet durch die

- Einordnung der Säure-Basen-Größen in den Komplex des Elektrolyt- und Wassergleichgewichtes
- Verflechtung der beteiligten Regelmechanismen
- Betrachtung des *p*H-Wertes als die dem chemischen Potential der Wasserstoffionen proportionale Größe.

Dadurch ergaben sich in den Überlegungen, die zur Diagnose und Therapie führen, Konsequenzen, die eine unkonventionelle Darstellung erlaubten und der Kausalität den Vorrang vor der Phänomenologie gaben.
Wir danken Frau Welzel für ihre Mühe mit dem Schreiben des Manuskriptes und dem Verlag für die bewiesene Geduld. Dem Leser hoffen wir verständlich zu sein und erwarten seine helfende Kritik.

Görlitz, im Februar 1974

W. Ehrhardt
H. Neumann
L. H. Schmidt
H. Wessig

Inhaltsverzeichnis

1. Einleitung

Unser Planet ähnelte dem Mond, hätte er nicht zwei besondere Vorzüge: das Wasser und die Luft. Das Lösungsmittel Wasser ist ein für die Erde typisches Medium, ohne das weder die physische Dynamik noch das Leben denkbar sind. Die Eigenschaften des Wassers, wie Neutralität, Wärmekapazität, Viskosität, Struktur und seine Möglichkeiten, Wasserstoffbrückenbindungen auszubilden, haben es in Verbindung mit seinem günstigen Lösungsvermögen zur einzigartigen Grundlage für das Leben auf unserer Erde gemacht.
In allen wäßrigen nichtbiologischen und biologischen Systemen spielt das chemische Potential der Wasserstoffionen (vgl. Abschnitt 2.3.5.) für die darin ablaufenden Reaktionen eine wesentliche Rolle. Das chemische Potential der Wasserstoffionen beeinflußt das Zustandekommen und die Ablaufgeschwindigkeit chemischer Reaktionen. Die Organisationsform der lebenden Materie und somit ihre qualifizierteste Zustandsform hat in Abhängigkeit vom chemischen Potential der Wasserstoffionen einen äußerst schmalen Funktionsbereich. Je differenzierter biologische Systeme sind, um so vielfältiger ist auch der biochemische Kompromiß des Gesamtorganismus. Kompromisse haben eine größtmögliche Annäherung der Einzelbedingungen aneinander zum Ziel und sind nur dort möglich, wo dieses Optimum erreichbar ist. Wenn von speziellen Teilsystemen abgesehen wird, heißt das, daß für die Gesamtheit der Funktionen eines Organismus ein bestimmter *p*H-Wert gefunden werden muß, bei dem alle Teile der Gesamtheit arbeitsfähig bleiben. Mit der steigenden Zahl der Teilnehmer wird die Wahrscheinlichkeit eines gemeinsamen Wertes und die Toleranz dieses Wertes kleiner, bzw. die Forderung an die Konstanz eines solchen Wertes größer. Das Optimum für jede Funktion kann ohnehin nicht

realisiert werden. Diese Ordnung bedarf für ihre qualitative Erhaltung im offenen System eines kontinuierlichen Aufwandes, dessen Tendenz die Konstanthaltung sein muß. Ist eine Größe Störungen ausgesetzt und selbst nicht in der Lage, sich zu stabilisieren, so sind Regelvorgänge nötig, deren Sinn es ist, die Störung durch negative Rückkoppelung zur Ursache für ihre eigene Beseitigung werden zu lassen. Die Wirkung dieser Regelvorgänge kann wegen der Spezialisierung und Arbeitsteilung der Organe nicht ohne räumliche Trennung von der einzelnen Zelle erfolgen, muß aber für jede Zelle des Organismus wirksam sein. Es ergibt sich die Notwendigkeit eines integrierenden Teilsystems im Sinne eines Transportsystems, das bis an die Grenze jeder Zelle reicht. Zirkulation und Durchmischung allein genügen nicht, um in der Umgebung der Zelle den *p*H-Wert konstant zu halten – das Transportvolumen und die Transportgeschwindigkeit sind zu klein. Notwendig sind außerdem „Trägerstoffe", die Wasserstoffionen aufnehmen und am Ort der Ausscheidung abgeben und gleichzeitig den *p*H-Wert in bestimmten Grenzen stabilisieren können. Nur so kann die Regulation von einer oder zwei Stellen aus in der Raumstruktur des Gesamtorganismus effektiv werden. Hierfür steht das Hämoglobin neben dem Hydrogenkarbonatpuffer im Vordergrund. Die Puffer bleiben aber nur Hilfsmittel der eigentlichen Regulation, die sie regeneriert oder auf ein bestimmtes Gleichgewicht einstellt. Die eigene Konstanthaltungsleistung der Puffer ist auf Minuten beschränkt, genügt aber für die Zirkulationszeit.

Der Hydrogenkarbonatpuffer ist durch eine interessante Besonderheit gekennzeichnet: Ein Partner – die Kohlensäure – kann das System als Kohlendioxid sehr leicht und mit hoher Geschwindigkeit über die Gasphase verlassen, ohne die Elektroneutralität des Lösungsraumes zu beeinflussen. Das Kohlendioxid wiederum ist Stoffwechselendprodukt und bietet sich auch deshalb für Transport und Ausscheidung an. In der Ökonomie eines Organismus können Doppelrollen dieser Art nur willkommen sein.

Für die Erhaltung der „Konstanz des inneren Milieus", der „Homöostase", ist unter den Bedingungen des offenen Systems des Organismus die Kontrolle der Ein- und Ausfuhrwege erforderlich. Grundsätzlich gibt es zwei solche Wege: über die Gasphase und über die Flüssigphase. Für die Gasphase existiert

ein eng vermaschtes Einfuhr-Ausfuhr-System – die Atmung, für die Flüssigphase ein resorptives Aufnahmesystem – der Darm – und ein exkretorisches Ausfuhrsystem – die Niere. Eine Regulation kann nur an diesen Kontaktstellen zur Außenwelt stattfinden. Die eigentlichen Regulationsorgane für das Säure-Basen-Gleichgewicht sind damit die Lungenventilation und die Nierenfunktion. Primär dient die Ventilation der O_2-Aufnahme und der CO_2-Abgabe.
Die Steuerung der Atmung wird durch ein zentrales Regelwerk übernommen, bei dem drei verschiedene Größen je nach Abweichung den Ausschlag geben können:

1. der *p*H-Wert
2. der Kohlendioxiddruck mit Begrenzungsfunktion nach oben
3. der Sauerstoffdruck mit Begrenzungsfunktion nach unten.

Die allgemeine Aussage „freie Wasserstoffionen" gibt keinen Hinweis auf deren Effekt. Die „Wasserstoffionenkonzentration" als Mengenbegriff läßt erste Rückschlüsse auf die Wirksamkeit zu. Die Wirksamkeit jedoch ist nicht linear, sondern logarithmisch von der Konzentration abhängig und entspricht dem „chemischen Potential". Somit ist die logarithmische Skale, wie sie bei der *p*H-Definition angewendet wird, eine Wirkungs- und keine Mengenskale. Die biologische Regelung arbeitet mit dem chemischen Potential und begründet indirekt, daß die *p*H-Skale dem biologischen System adäquat ist. Auch eine Umrechnung auf die absoluten Konzentrationen in Mol/l kann demzufolge die Regelleistung dieses Systems nicht herabmindern (vgl. Abschnitt 2.3.2.).
Die Niere kann sowohl Wasserstoff- als auch Hydrogenkarbonationen in variablen Mengen bilden. Die Ausscheidung der Wasserstoffionen erfolgt im Austausch gegen Kationen. Mit Hilfe der aktiven Natriumrückresorption regelt die Niere Volumen und Osmolalität des Organismus.
Die Wirkungsgeschwindigkeit beider kooperativer Regulationssysteme ist unterschiedlich. Während die Atmung innerhalb von Minuten meßbare Effekte erzielt, kann das die Niere nur innerhalb von Stunden oder Tagen. Die Regulationspartner können Störungen bis zu einem bestimmten Grad gegenseitig kompensieren.
Die Regelstrecke beider Organe ist das extrazelluläre Flüssigkeitsvolumen, im engeren Sinne nur das intravasale Volumen.

Veränderungen des extrazellulären Lösungsraumes haben Einfluß auf die Wasserstoffionenkonzentration. Der Verlust der Hälfte des Extrazellulärvolumens verdoppelt theoretisch die Wasserstoffionenkonzentration, wenn der gleiche Säureanfall angenommen wird; die *p*H-Änderung beträgt dann 0,3 *p*H-Einheiten. Gleichzeitig aber wird durch den verminderten Transportraum die Funktion von Kreislauf und Niere behindert.
Es ist offensichtlich, daß der geforderte *p*H-Sollwert nur dann gehalten werden kann, wenn Atemfunktion, Nierenfunktion, Zirkulation und Flüssigkeitsgleichgewicht nicht wesentlich gestört sind. Oder umgekehrt: Jede Störung in einem dieser Funktionskreise kann den *p*H-Wert verändern. Die Störungen im Säure-Basen-Gleichgewicht liegen selten im Wasserstoffionenanfall oder -verlust, sondern haben häufiger ihre Ursachen im Bereich jener Funktionssysteme. Der entgleiste *p*H-Wert schränkt wiederum die Leistungsfähigkeit der einzelnen Organe ein.
Die genannte Funktionsgruppe stimmt mit den „Elementarfunktionen" nach H. BAUR oder den in der Notfallmedizin gebräuchlichen „Vitalfunktionen" überein. Das Baursche Konzept der Elementarpathologie und der Thanatogenese ist die Suche nach echten Todesursachen und nach den Möglichkeiten, sie zu verhüten. Die Elementarpathologie beantwortet die Frage: Führt eine Störung zum Tode und auf welchem Wege?
Akzeptiert man, daß ein Patient letztlich am Zusammenbruch einer oder mehrerer elementarer oder vitaler Funktionen stirbt, so wird die Grundkrankheit zur indirekten oder bedingten Todesursache.
In der Hierarchie der Dringlichkeit werden als vitale Funktionen genannt:

1. alveolärer Gasaustausch
2. Gleichgewicht der Zirkulation
3. Flüssigkeitsgleichgewicht
4. Nierenfunktion.

In besonderer Weise ist der *p*H mit allen vitalen Funktionen verbunden. Seine Regulationsorgane, seine Regelstrecke und das Transportsystem sind jeweils für sich Vitalfunktionen. Der Ausfall einer einzigen solchen Funktion führt zur Katastrophe; oder mit anderen Worten: Nur die harmonische Arbeitsweise aller vier Funktionen bietet die Grundlage für die Existenz des Organismus. Ihre gegenseitige Vermaschung ist vielseitig.

So ist zu begreifen, daß vom biochemischen Prozeß bis zu den Vitalfunktionen der *p*H-Wert dicht am Mittelpunkt des Geschehens steht.

2. Terminologie des Säure-Basen-Gleichgewichtes und seine physikalisch-chemischen Grundlagen

Die Begriffsunklarheiten auf dem Gebiete des klinischen Säure-Basen-Gleichgewichtes wurden schon oft erörtert ([2.1], [2.2], [2.3]) und waren vor Jahren der Anlaß zur sogenannten transatlantischen Säure-Basen-Debatte. Ausgelöst wurde sie durch eine Arbeit von CREESE et al., 1962 [2.4]. Im Verlauf dieser Debatte schlossen sich viele Laboratorien in bezug auf die Bestimmung des Säure-Basen-Gleichgewichtes dem Konzept von ASTRUP an [2.5, 2.6]. SCHWARTZ und Mitarbeiter wiesen in einer Reihe von Experimenten nach, daß aus Äquilibrierungsversuchen in vitro nicht auf das Verhalten des Blutes in vivo geschlossen werden kann [2.7, 2.8, 2.9]. Leider wurden nicht immer die erforderlichen Konsequenzen für die Interpretation des Säure-Basen-Gleichgewichtes gezogen, wie auch die Begriffe Kation, Anion, Säure, Base usw. nicht in dem ihnen entsprechenden Sinne verwendet wurden. Dieser mißverständliche Gebrauch einer aus sich logisch aufgebauten Definition ist sicher auch der Anlaß, daß das Säure-Basen-Gleichgewicht in dem Ruf steht, weniger Nutzen zu bringen, als dem Aufwand zu seinem Verständnis entspricht. Indessen ist so viel über die Nützlichkeit der Bestimmung des Säure-Basen-Gleichgewichtes publiziert worden, daß nur die Mühe für Verständlichkeit und für Verständnis aufzubringen ist.

2.1. Säure-Basen-Theorie von BRØNSTEDT

Die Grundlagen des Säure-Basen-Gleichgewichtes sind die allgemeinen physikalisch-chemischen Gesetzmäßigkeiten. Hierbei stehen mehrere Definitionen für Säuren und Basen zur Verfügung (LEWIS, BJERRUM, BRØNSTEDT, LOWRY, 1923).

Sie entstanden alle in dem Bestreben, den Begriffen „Säure" und „Base" eine möglichst breite Nutzanwendung zu ermöglichen. Es ist deshalb naheliegend, die für die Belange der Biochemie geeignete Definition auszuwählen. Unter diesem Gesichtspunkt hat sich zweifellos die Definition von BRØNSTEDT am besten bewährt. Entsprechend der Definition von BRØNSTEDT und LOWRY wird ein Molekül oder Ion, das in Lösung Wasserstoffionen (Protonen) abgeben kann, als Säure (Protonendonator) bezeichnet. Basen sind Moleküle oder Ionen, die Wasserstoffionen aufnehmen können (Protonenakzeptoren):

$$\text{Säure} \rightleftharpoons \text{Base} + H^+ \qquad (2.1)$$

In wäßrigen Systemen werden Protonen sofort zu Wasserstoffionen hydratisiert. Das hydratisierte Wasserstoffion wird im allgemeinen durch $H^{\cdot}$ bzw. $H_3O^{\cdot}$ symbolisiert. In wäßriger Lösung wird die positive Ladung von Kationen mit einem $^{\cdot}$, die negative Ladung der Anionen durch einen $'$ symbolisiert (z.B. $Na^{\cdot}$ bzw. Cl'). In wasserfreien Systemen (z.B. Schmelzen) wird als Symbol für die Ladung $^+$ bzw. $^-$ verwendet (z.B. Na^+ bzw. Cl^-).

Eine Säure, die ihr Proton abgegeben hat, wird zur Base, eine Base, die ein Proton aufgenommen hat, zur Säure. Da jedoch freie Protonen in Lösung nicht existenzfähig sind, gehören zu einer vollständigen Gleichung zwei Säure-Basen-Systeme:

$$\begin{array}{l} \text{Säure}_1 \rightleftharpoons \text{Base}_1 + H^+ \\ \text{Base}_2 + H^+ \rightleftharpoons \text{Säure}_2 \\ \hline \text{Säure}_1 + \text{Base}_2 \rightleftharpoons \text{Base}_1 + \text{Säure}_2 \end{array} \qquad (2.2)$$

In biologischen Systemen ist das eine Säure-Basen-Paar das Wasser:

$$H_2O + H_2O \rightleftharpoons H_3O^{\cdot} + OH' \qquad (2.3)$$

Substanzen wie das Wasser, die sowohl Protonen aufnehmen als auch abgeben können, bezeichnet man als Amphiprote. Aprote sind Ionen, die nicht mit Protonen reagieren können.

Nach dieser Definition bestehen Säuren aus einem Proton ($H^{\cdot}$) und einem Säurerest (A'). Metallhydroxide, wie Natriumhydroxid, sind nach dieser Theorie keine Basen. Ihre wäßrigen Lö-

sungen reagieren basisch, weil bei der Dissoziation des NaOH OH'-Ionen (als Base) und aprote Na˙-Ionen entstehen.
Anionen und Kationen sind lediglich Bezeichnungen für negativ und positiv geladene Ionen. Sowohl bei Säuren wie auch bei Basen unterscheiden wir molekulare, anionische und kationische Typen (Tab. 2.1).

Tabelle 2.1 Typen von Säuren und Basen

Typ	Säure	Base
Molekulare	$\mathbf{H_2SO_4} \rightleftharpoons HSO_4' + H^{\cdot}$	$\mathbf{H_2O} + H^{\cdot} \rightleftharpoons H_3O^{\cdot}$
	$\mathbf{H_2O} \rightleftharpoons OH' + H^{\cdot}$	$\mathbf{NH_3} + H^{\cdot} \rightleftharpoons NH_4^{\cdot}$
Anionische	$\mathbf{HSO_4'} \rightleftharpoons SO_4'' + H^{\cdot}$	$\mathbf{OH'} + H^{\cdot} \rightleftharpoons H_2O$
	$\mathbf{HCO_3'} \rightleftharpoons CO_3'' + H^{\cdot}$	$\mathbf{HSO_4'} + H^{\cdot} \rightleftharpoons H_2SO_4$
Kationische	$\mathbf{H_3O^{\cdot}} \rightleftharpoons H_2O + H^{\cdot}$	$\mathbf{H_2N{-}CH_2{-}CH_2NH_3^{\cdot}} + H^{\cdot}$
	$\mathbf{NH_4'} \rightleftharpoons NH_3 + H^{\cdot}$	$\rightleftharpoons {}^{\cdot}H_3N{-}CH_2{-}CH_2{-}NH_3^{\cdot}$

In der Literatur findet man gelegentlich die Begriffe „fixe" Säuren bzw. Basen. Diese Bezeichnung sollte nicht verwendet werden. Besser ist es, von flüchtigen Säuren und Basen bzw. nichtflüchtigen Säuren und Basen zu sprechen. Flüchtige Säuren (z. B. H_2CO_3) und Basen sind Verbindungen, die im Organismus unter Bildung einer gasförmigen (flüchtigen) Komponente (z. B. CO_2) zerfallen können. Die Konzentration des Kohlendioxids im Organismus kann damit über die Ventilation reguliert werden. Nichtflüchtige Säuren und Basen können in ihrer Konzentration nur durch Variation der Aufnahme bzw. durch die Ausscheidung ihrer Säure- bzw. Basenreste über nichtrespiratorische Organe, wie Niere, Darm oder Haut, reguliert werden.

2.2. Konzentration und Aktivität

Da Lösungen außerordentlich unterschiedliche Zusammensetzungen haben können, gehört neben die Angabe der in ihr enthaltenen Stoffe (Molekülarten, Ionen) auch eine Angabe über deren Menge im Verhältnis zum Lösungsmittel. Die quantitativen Angaben über Lösungen oder homogene Gemische werden als Konzentrationsangaben bezeichnet. Rationelle Konzen-

trationsmaße für die Betrachtung chemischer Systeme sind die Gewichtsmolarität (Molalität, *m*), die Volumenmolarität (Molarität, *M*) und der Molenbruch (γ_B).
Die Molalität (*m*) gibt an, wieviel Mole des Stoffes *B* in einer Lösung enthalten sind, die 1 kg des Lösungsmittels *A* enthält. 1 Mol ist die Grammenge an Substanz, die seiner Molekularmasse (*MG*) gleich ist.
Die Molarität (*M*) sagt aus, wieviel Mole des Stoffes B in einem Liter Lösung enthalten sind.
Der Molenbruch ist definiert als das Verhältnis der Molzahl (n_B) der gelösten Substanz *B* zur Summe der in der Lösung enthaltenen Mole von Substanz *B* und Lösungsmittel *A*.

$$\gamma_B = \frac{n_B}{n_A + n_B} \tag{2.4}$$

Die Tab. 2.2 enthält Formeln für die Umrechnung der Konzentrationsmaße.
Die Konzentration eines Gases in einem Gemisch mit anderen Gasen (z.B. CO_2 in der Alveolarluft) wird oft als Partialdruck angegeben. Das ist nur möglich, weil für verdünnte Gase das Daltonsche Gesetz gültig ist: Die Summe der Partialdrucke verdünnter Gase ist gleich dem gemessenen Gesamtdruck der Mischung. Dabei ist der Partialdruck des betreffenden Gases definiert als der Druck, den man messen würde, wenn es allein in dem Gesamtvolumen vorhanden wäre.
Da sich die Volumina verdünnter Gase zum Gesamtvolumen addieren, kann man die Konzentration einer Gasmischung an einer Komponente auch als Volumen-% angeben:

$$\text{Vol.-}\%_B = \frac{V_B}{V_B + V_A} \cdot 100\ [\%] \tag{2.5}$$

Nur in extrem verdünnten Lösungen verhalten sich die Komponenten ihren Konzentrationen entsprechend. In realen Lösungen ist nicht die wahre Ionenkonzentration aktiv, sondern nur ein durch die interionische Wechselwirkung verminderter Teil, die Aktivität. Die Aktivität ist mit der Konzentration durch den Aktivitätskoeffizienten verknüpft, dabei ist zwischen molalem und molarem Aktivitätskoeffizienten zu unterscheiden.

$$a = c \cdot f \tag{2.6}$$

Tabelle 2.2 Umrechnung der Konzentrationsmaße

	P_B Massenanteile	q_B Massen-verhältnis	γ_B Molenbruch	m_B Gewichtsmolarität = Molalität	M_B Volumenmolarität = Molarität
	$p_B = \frac{g_B}{g_A + g_B}$	$q_B = \frac{g_B}{g_A}$	$\gamma_B = \frac{n_B}{n_A + n_B}$	$m_B = \frac{1000 n_B}{g_A}$	$M_B = \frac{1000 n_B}{V}$
p_B	p_B	$\frac{q_B}{1 + q_B}$	$\frac{MG_B}{\frac{MG_A}{\gamma_B} + MG_B - MG_A}$	$\frac{1}{\frac{1000}{MG_B m_B} + 1}$	$\frac{MG_B \cdot M_B}{1000 \cdot \varrho_m}$
q_B	$\frac{p_B}{1 - p_B}$	q_B	$\frac{MG_B \cdot \gamma_B}{M_A (1 - \gamma_B)}$	$\frac{MG_B \cdot m_B}{1000}$	$\frac{1}{\frac{1000 \varrho_m}{MG_B \cdot M_B} - 1}$
γ_B	$\frac{1}{\frac{MG_B (1 - p_B)}{MG_A \cdot p_B} + 1}$	$\frac{q_B}{\frac{MG_B}{MG_A} + q_B}$	γ_B	$\frac{1}{\frac{1000}{MG_A \cdot m_B} + 1}$	$\frac{MG_A}{\frac{1000 \varrho_m}{M_B} + MG_A - MG_B}$

m_B	$\frac{1000 \cdot p}{MG_B(1-p_B)}$	$\frac{1000 q_B}{MG_B}$	$\frac{1000\,\gamma_B}{MG_A(1-\gamma_B)}$	m_B	$\frac{1}{\frac{\varrho_m}{M_B} - \frac{MG_B}{1000}}$
M_B	$\frac{1000 \varrho_m \cdot p_B}{MG_B}$	$\frac{1000 \varrho_m \cdot q_B}{MG_B(1+q_B)}$	$\frac{1000\,\varrho_m}{\frac{MG_A(1-\gamma_B)}{\gamma_B} + MG_B}$	$\frac{\varrho_m}{\frac{1}{m_B} + \frac{MG_B}{1000}}$	M_B

Symbole zur Tabelle (2.2)

A = kennzeichnet das Lösungsmittel
B = kennzeichnet den gelösten Stoff
g_A, g_B = Masse in Gramm von A, B
n_A, n_B = Molzahl A, B
V = Volumen der Lösung in ml
p_B = Massenanteil, $p_B \cdot 100$ = Gewichts-% = Massen-%
q_B = Massenverhältnis

γ_B = Molenbruch des Stoffes B $= \frac{n_B}{n_A + n_B}$
m_B = Gewichtsmolarität = Molalität
M_B = Volumenmolarität = Molarität
MG_A, MG_B = Molekularmasse von A, B
ϱ_m = Dichte der Lösung $= \frac{g_A + g_B}{V}$

Für verdünnte Elektrolytlösungen gilt (LEWIS und RANDALL), daß der Logarithmus der mittleren Aktivitätskoeffizienten ($f_{\pm}$) der Wurzel aus der Ionenstärke (I_m) proportional ist. Diese Beziehung wurde später von DEBYE und HÜCKEL auf Grund ihrer Theorie der interionischen Wechselwirkungen theoretisch abgeleitet:

$$\log f_{\pm} = -A_m \cdot z_+ \cdot z_- \sqrt{I_m} \qquad (2.7)$$

In der Beziehung bedeutet A_m die Debye-Hückel-Konstante (s. Tab. 2.4), z_+ und z_- sind die Ladungszahlen der Kationen und Anionen. Die Gültigkeit der Debye-Hückel-Beziehung für die Berechnung der mittleren Aktivitätskoeffizienten ist beschränkt auf genügend verdünnte Lösungen: Für ein-einwertige Salze in wäßriger Lösung bis zu Konzentrationen von $<0{,}01$ mol/l, für höherwertige Elektrolyte und in Lösungsmitteln mit kleiner Dielektrizitätskonstante nur bis zu Konzentrationen $<0{,}001$ mol/l.

Da A keine individuellen Größen enthält, sondern für die Ionen, unabhängig vom Vorzeichen der Ladung, den gleichen Wert besitzt, sind die mittleren Aktivitätskoeffizienten der Elektrolyte mit Ionen gleicher Wertigkeit bei identischer Ionenstärke vergleichbar. Der Aktivitätskoeffizient ist keine empirische Größe, sondern ein Koeffizient der interionischen Wechselwirkung.

In biologischen Flüssigkeiten ist zu beachten, daß die Ionenaktivität noch durch den Eiweißanteil der Lösung verändert werden kann. Die Aktivität kann durch Einengung des Lösungsraumes durch das Protein erhöht bzw. durch Bindung von Ionen an Protein erniedrigt werden [2.10].

Die für Gase analoge Größe der Aktivität ist die Fugazität (p^*). Das Verhältnis von Fugazität zum Druck (p) ist demzufolge der Fugazitätskoeffizient (φ_0):

$$\frac{p^*}{p} \equiv \varphi_0 \qquad (2.8)$$

Da die Moleküle in Gasen von Atmosphärendruck viel weiter voneinander entfernt sind als in Lösungen (minimale Wechselwirkungen), kann für die Blutgasdrucke die Fugazität vernachlässigt werden.

2.3. *p*H-Wert

Die Notwendigkeit der Kenntnis der Azidität in chemischen Systemen ist unbestritten. Ohne eine Übereinkunft über die *p*H-Wert-Definition als auch über Standards für die praktische Bestimmung dieser Größe wäre es unmöglich gewesen, brauchbare Vergleiche von Messungen verschiedener Laboratorien durchzuführen.

2.3.1. Definition des *p*H-Wertes

Da die Wasserstoffionenkonzentration in biologischen Systemen bis auf wenige Ausnahmen sehr klein ist (in der lebenden Zelle etwa 10^{-4} mval/l), hat SØRENSEN den negativen dekadischen Logarithmus der Wasserstoffionenkonzentration (in val/l) als *p*H-Wert definiert. 1924 veränderte er diese Definition, indem er statt der Wasserstoffionenkonzentration die Wasserstoffionenaktivität einsetzte:

$$pH \equiv -\log a_{H^{\cdot}} \quad (2.9)$$

Die Aktivitäts-*p*H-Wert-Definition ist der auf die Konzentration zurückgehenden Festlegung überlegen. Den Chemiker oder Biochemiker interessiert die wirksame Konzentration (Aktivität), denn diese bestimmt die biochemischen und katalytischen Effekte. Zudem erhält man mit den heute zur *p*H-Messung verwendeten Elektroden (vgl. Abschnitt 6) Meßwerte, die dem Aktivitäts-*p*H-Wert proportional sind.

2.3.2. *p*H-Wert oder Wasserstoffionenaktivität

Der *p*H-Wert stellt nicht nur eine einfacher zu schreibende Zahl gegenüber der Wasserstoffionenkonzentration dar (10^{-7} val $H^{\cdot}$/l entspricht $pH = 7$), sondern besitzt auch einen größeren Informationsgehalt. Der Informationszuwachs durch Logarithmieren der Wasserstoffionenaktivität besteht in der Verwandtschaft des *p*H-Wertes mit dem chemischen Potential (μ) der Wasserstoffionen:

$$\mu = RT \ln a_{H^{\cdot}} \quad (2.10)$$

Da das chemische Potential ein Maß für die Triebkraft einer chemischen Reaktion darstellt, wird deutlich, warum der pH-Wert auch für die Betrachtung biologischer Systeme der Wasserstoffionenaktivität bzw. Wasserstoffionenkonzentration überlegen ist. Eine hervorragende Diskussion über die natürliche Bedeutung des pH-Wertes wurde von DAVIS [2.11] vorgetragen. Die direkte Beziehung zwischen dem chemischen Potential der Wasserstoffionen und dem pH-Wert dürfte die 1962 im LANCET geführte Diskussion über die Verwendung des pH-Wertes oder der Wasserstoffionenkonzentration zugunsten des pH-Wertes entschieden haben. Es muß aber an dieser Stelle darauf hingewiesen werden, daß der so definierte Aktivitäts-pH-Wert mit der thermodynamisch nicht definierbaren Einzelionenaktivität des Wasserstoffes experimentell prinzipiell nicht zugängig ist. Es hat deshalb nicht an Versuchen gefehlt, die Schwierigkeit der Definition des Aktivitäts-pH-Wertes durch andere Definitionen zu umgehen (vgl. [2.12, 2.13]).

2.3.3. pH-Arbeitsdefinition

Für die praktische pH-Messung wurde von BATES [2.13] eine Arbeitsdefinition vorgeschlagen und von der Internationalen Union für Reine und Angewandte Chemie (IUPAC) zur Anwendung empfohlen.

$$pH_{(x)} = pH_{(s)} + (E_x - E_s)\frac{F}{RT \cdot \ln 10} \qquad (2.11)$$

Die pH-Arbeitsdefinition legt fest, daß der Meßgut-pH-Wert pH_x aus Vergleichen von EMK-Messungen mit einer Standardmeßzelle unter Bezug auf Standardpufferlösungen (Tab. 2.3) des National Bureau of Standards (NBS), 1962 [2.14], erfolgt. Als Standardzelle dient folgende Meßkette mit einer Wasserstoffelektrode:

Pt, H_2/Lösung x (bzw. S)/3,5 m KCl-Lösung,
Referenzelektrode

Die Wasserstoffelektrode der Standardzelle kann in guter Näherung durch eine Glaselektrode ersetzt werden. Jedoch ist nicht jedes pH-sensitive Elektrodenglas geeignet (vgl. Abschn. 6.35).

Wird mit einer Glaselektrode gemessen, so ist es wegen ihres nicht idealen Verhaltens nötig, den $pH_{(x)}$ auf zwei Standardpuffer (S_1 und S_2), die den $pH_{(x)}$ einschließen, zu beziehen. Wird von der verwendeten Glaselektrode für den fraglichen pH-Bereich die Bedingung: $\frac{\Delta E}{\Delta pH}$ = konstant erfüllt, so kann die pH-Arbeitsdefinition in folgender Form Anwendung finden:

$$\frac{pH_{(x)} - pH_{(S_1)}}{pH_{(S_2)} - pH_{(S_1)}} = \frac{E_x - E_{S_1}}{E_{S_2} - E_{S_1}} \tag{2.12}$$

Die so definierte Größe pH ist dimensionslos.
Die Symbole bedeuten:

$pH_{(x)}$ = pH-Wert des Meßgutes
$pH_{(s)}$ = pH-Wert eines Standardpuffers der NBS-Pufferskale
E_x = *EMK* der pH-Meßkette in Kontakt mit dem Meßgut
E_s = *EMK* der pH-Meßkette in Kontakt mit dem Standardpuffer
F = Faraday-Konstante

Die Werte für den Nernst-Faktor

$$\frac{\ln 10 \cdot RT}{F}$$

sind in der Tabelle (2.4) aufgeführt.
Die pH-Arbeitsdefinition macht zwar keine Aussagen über die absolute Wasserstoffionenaktivität oder den Aktivitäts-pH-Wert von Standard und Meßprobe, genügt aber den Bedürfnissen der Praxis bei Einhaltung *idealer experimenteller Bedingungen*. Bedürfnis der Praxis ist, daß Präzision und Richtigkeit der auf der Grundlage der pH-Arbeitsdefinition gemessenen pH-Werte an verschiedenen Orten und zu verschiedenen Zeiten gleich sind. Die Einschränkung *ideale experimentelle Bedingungen* muß gemacht werden, weil der für unbekannte Lösungen erhaltene pH-Wert fehlerhaft sein kann. Die konventionelle pH-Standardskale des National Bureau of Standards schließt ein, daß die Diffusionspotentiale bei der Untersuchung des Meßgutes (x) und des Standards (s) etwa gleich sind. Das gilt nur für den Fall, daß die Zusammensetzung und die pH-Werte von Meßgut und Standard einander angepaßt sind.

Tabelle 2.3 Standardpufferlösungen des National Bureau of Standards nach BATES [2.14]

		A Tetraoxalat	B Tartrat	C Phthalat
pH_s-Wert	t °C			
	0	1,666	—	4,003
	5	1,668	—	3,999
	10	1,670	—	3,998
	15	1,672	—	3,999
	20	1,675	—	4,002
	25	1,679	3,557	4,008
	30	1,683	3,552	4,015
	35	1,688	3,549	4,024
	38	1,691	3,548	4,030
	40	1,694	3,547	4,035
	45	1,700	3,547	4,047
	50	1,707	3,549	4,060
	55	1,715	3,554	4,075
	60	1,723	3,560	4,091
	70	1,743	3,580	4,126
	80	1,766	3,609	4,164
	90	1,792	3,650	4,205
	95	1,806	3,674	4,227
Zusammensetzung bei 25 °C		$KH_3(C_2O_4)_2 \cdot 2H_2O$	$KHC_4H_4O_6$	$KHC_8H_4O_4$
m Molalität		0,05	0,0341	0,05
M Molarität		0,04962	0,034	0,04958
Einwaage bei 25 °C [g/l Lösung]		12,61	gesättigt bei 25 °C	10,12
Pufferwert β [Val/pH]		0,070	0,027	0,016
Verdünnungseinfluß[1] $\Delta pH_{1/2}$		+ 0,186	+ 0,049	0,052
Dichte [g/ml] bei 25 °C		1,0032	1,0036	1,0017
Temperaturgradient bei 25 °C dpH_s/dt [pH/°C]		+ 0,001	− 0,0014	+ 0,0012

[1] $\Delta pH_{1/2}$ = Verdünnungseinfluß = Änderung des pH-Wertes bei Ver

D Phosphat		E Phosphat		F Borax	G Kalzium- hydroxid
6,984		7,534		9,464	13,423
6,951		7,500		9,395	13,207
6,923		7,472		9,332	13,003
6,900		7,448		9,276	12,810
6,881		7,429		9,225	12,627
6,865		7,413		9,180	12,454
6,853		7,400		9,139	12,289
6,844		7,389		9,102	12,133
6,840		7,384		9,081	12,043
6,838		7,380		9,068	11,984
6,834		7,373		9,038	11,841
6,833		7,367		9,011	11,705
6,834		—		8,985	11,574
6,836		—		8,962	11,449
6,845		—		8,921	—
6,859		—		8,885	—
6,877		—		8,850	—
6,886		—		8,833	—
KH_2PO_4	Na_2HPO_4	KH_2PO_4	Na_2HPO_4	$Na_2B_4O_7$ $10H_2O$	$Ca(OH)_2$
0,025	0,025	0,008695	0,03043	0,01	0,0203
0,02490	0,02490	0,008665	0,03032	0,009971	0,02025
3,39	3,53	1,179	4,30	3,80	gesättigt bei 25 °C
0,029		0,016		0,020	0,09
+ 0,080		+ 0,07		+ 0,01	– 0,28
1,0028		1,0020		0,9996	0,9991
– 0,0028		– 0,0028		– 0,0082	– 0,033

dünnung des Puffers mit Wasser im Verhältnis 1 : 1.

2.3.4. Konventionelle Standardpufferskala des National Bureau of Standards

Aufgrund der Elektroneutralitätsbeziehung liegen in einer Elektrolytlösung stets äquivalente Mengen positiver und negativer Ionen nebeneinander vor. Demzufolge ist es prinzipiell wegen der interionischen Wechselwirkung unmöglich, Einzelionenaktivitäten exakt zu berechnen oder zu messen. Für verdünnte Elektrolytlösungen (Debye-Hückel-Grenzgebiet) gibt es hypothetische Ansätze über Einzelionenaktivitäten (GUGGENHEIM u. BATES in [2.14]). Zur Festlegung der konventionellen NBS-Aktivitätsskala des pH-Wertes (bezeichnet als $p\mathrm{H_s}$) dienen sieben Standardpufferlösungen (Tab. 2.3). Das Konzept zur Festlegung der $p\mathrm{H_s}$-Werte für die NBS-Standardpufferlösungen geht von der thermodynamisch möglichen Aziditätsfunktion

$$p\,(a_{\mathrm{H^{\cdot}}} \cdot f_{\mathrm{Cl'}}) \equiv -\log\,(f_{\mathrm{H^{\cdot}}} \cdot f_{\mathrm{Cl'}} \cdot m_{\mathrm{H^{\cdot}}}) \tag{2.13}$$

aus. Diese Aziditätsfunktion wird berechnet aus der *EMK* einer Zelle ohne Überführung, die eine Wasserstoffelektrode und eine Silber-Silberchlorid-Elektrode enthält:

$$p\,(a_{\mathrm{H^{\cdot}}} \cdot f_{\mathrm{Cl'}}) = \frac{(E - E^0)\,\mathrm{F}}{2{,}30259\,\mathrm{R}T} + \log m_{\mathrm{Cl'}} \tag{2.14}$$

wobei E^0 das Standardpotential dieser Zelle ist.
Um die *EMK* ohne Überführung messen zu können, wurden den primären Standardpufferlösungen kleine definierte Mengen eines löslichen Chlorids zugesetzt. Durch Extrapolation auf die chloridfreien Lösungen wird die *EMK* der Standardpufferlösungen bestimmt.
Das Extrapolationsverfahren liefert die konventionelle $p\mathrm{H_s}$-Skala nach der Gleichung:

$$p\mathrm{H_s} = p\,(a_{\mathrm{H^{\cdot}}} \cdot f_{\mathrm{Cl'}})^0 + \log f_{\mathrm{Cl'}}{}^0 \tag{2.15}$$

worin $p\,(a_{\mathrm{H^{\cdot}}} \cdot f_{\mathrm{Cl'}})^0$ der Wert für $p\,(a_{\mathrm{H^{\cdot}}} \cdot f_{\mathrm{Cl'}})$ nach dem Grenzübergang auf die Konzentration Null für Chlorid ist. $f^0{}_{\mathrm{Cl'}}$ ist der Grenzwert für $f_{\mathrm{Cl'}}$ in der Pufferlösung, wenn die Chloridkonzentration auf Null extrapoliert wurde. Für den individuellen Aktivitätskoeffizienten des Chlorids wurde folgendes Postulat getroffen:

$$\log f_{Cl'} = \frac{-A \cdot \sqrt{I}}{1 + 1{,}5\sqrt{I}} \tag{2.16}$$

Dieser Ausdruck stellt eine erweiterte Form der Debye-Hückel-Gleichung dar.

Die auf diese Weise gewonnene Aziditätsskala ist von großer praktischer Bedeutung, da sie meßtechnisch einfach anwendbar ist und dem Sinn der ursprünglichen *p*H-Wert-Definition entspricht.

Tabelle 2.4 Werte für E^0, den Nernst-Faktor ($2{,}30259\,\frac{RT}{F}$) und die Debye-Hückel-Konstante A (in der molalen Skala) nach BATES [2.14]

t [°C]	E^0 [V]	$2{,}30259\,\frac{RT}{F}$ [V]	A $[(\mathrm{kg\ mol^{-1}})^{1/2}]$
0	0,23655	0,054195	0,4918
5	0,23413	0,055187	0,4952
10	0,23142	0,056183	0,4988
15	0,22857	0,057171	0,5026
20	0,22557	0,058163	0,5066
25	0,22234	0,059155	0,5108
30	0,21904	0,060147	0,5150
35	0,21565	0,061139	0,5196
40	0,21208	0,062131	0,5242
45	0,20835	0,063123	0,5291
50	0,20449	0,064115	0,5341
55	0,20056	0,065107	0,5393
60	0,19649	0,066099	0,5448
70	0,18782	0,068083	0,5562
80	0,17873	0,070067	0,5685
90	0,16952	0,072051	0,5817
95	0,16511	0,073043	0,5886

2.3.5. Chemisches Potential

Das chemische Potential μ_i ist am anschaulichsten als partielle molare freie Enthalpie des Stoffes i in einer Mischphase bei konstantem Druck und konstanter Temperatur aufzufassen:

$$\mu_i \equiv \frac{(\partial G)}{(\partial n_i)}\, T, p, n_j \tag{2.17}$$

Es hat mit dn_i (Änderung der Molzahl des Stoffes i) multipliziert die Dimension einer Energie und charakterisiert demzufolge die Zunahme der Fähigkeit, nutzbare chemische Arbeit zu leisten, wenn man eine infinitesimale Menge des Stoffes i zugibt und auf ein Mol umrechnet. Die Bestimmung *chemisches Potential* erklärt sich auf folgende Weise: In einem abgeschlossenen System können spontane (irreversible) Vorgänge nur ablaufen, wenn *Potentialunterschiede* vorhanden sind, die sich bei dem betreffenden Vorgang ausgleichen.
Anders formuliert ergibt sich:

$$\mu_i = \mu_i^0 + \mathrm{R}T \ln \gamma_i \tag{2.18}$$

Für das Wasserstoffion vereinfacht sich die Beziehung, weil μ^0 für Wasserstoff definitionsgemäß Null gesetzt wird:

$$\mu_i = \mathrm{R}T \ln a_{\mathrm{H}^\cdot} \tag{2.19}$$

In den Formeln bedeuten:

μ_i = chemisches Potential des Stoffes i in der Mischphase
μ_i^0 = chemisches Potential des Stoffes i unter Standardbedingungen = chemisches Potential des reinen Stoffes i bei konstantem Druck und konstanter Temperatur
γ_i = Molenbruch i
R = Gaskonstante und
T = absolute Temperatur in Grad Kelvin

2.4. Dissoziation der Elektrolyte

Nach der Theorie von ARRHENIUS dissoziieren Elektrolyte in wäßriger Lösung in Ionen:

$$\mathrm{NaCl} \rightleftharpoons \mathrm{Na}^\cdot + \mathrm{Cl}' \tag{2.20}$$

Nach dem Grad ihrer Dissoziation muß man nach BJERRUM (1918) grundsätzlich zwischen starken und schwachen Elektrolyten unterscheiden. Starke Elektrolyte sind Moleküle, die in wäßriger Lösung nahezu vollständig dissoziieren (Dissoziationsgrad ~ 1):

$$HCl \rightleftharpoons H^{\cdot} + Cl' \qquad (2.21)$$

Schwache Elektrolyte dissoziieren in wäßriger Lösung nur unvollständig (Dissoziationsgrad $\ll 1$):

$$H_2CO_3 \rightleftharpoons HCO_3' + H^{\cdot} \rightleftharpoons CO_3'' + 2H^{\cdot} \qquad (2.22)$$

Auf die allgemeine Formulierung des Sachverhaltes bei schwachen Elektrolyten

$$KA \rightleftharpoons K^{\cdot} + A' \qquad (2.23)$$

läßt sich das Massenwirkungsgesetz anwenden:

$$\frac{a_{K^{\cdot}} \cdot a_{A'}}{a_{HA}} = \text{Massenwirkungskonstante} = K \qquad (2.24)$$

$a_{K^{\cdot}}$, $a_{A'}$, a_{HA} bedeuten die Aktivitäten von Kation, Anion und undissoziierter Säure. Die Massenwirkungskonstante K ist damit ein Maß für die Stärke des Elektrolyten. Starke Elektrolyte ergeben einen großen Wert für K, schwache Elektrolyte einen kleinen Wert für K.

Bei der Dissoziation des Wassers kann aufgrund der Gleichgewichtslage, die stark auf die Seite des H_2O verschoben ist,

$$H_2O \rightleftharpoons H^{\cdot} + OH' \qquad (2.25)$$

die Konzentration des Wassers ($m_{H2O} = 55{,}5$ mol/kg) als konstant angesehen werden. Die Konzentration des Wassers kann deshalb mit K zu K_W vereinigt werden:

$$\frac{a_{H^{\cdot}} \cdot a_{OH'}}{a_{H_2O}} = K_{H_2O} \qquad (2.26)$$

$$a_{H^{\cdot}} \cdot a_{OH'} = K_{H_2O} \cdot a_{H_2O} = K_W \qquad (2.27)$$

K_W, das Ionenprodukt des Wassers, nimmt mit steigender Temperatur zu. Da die neutrale Reaktion definiert ist mit $a_{H^{\cdot}}$

$= a_{OH}$, ist der Neutralpunkt mit steigender Temperatur nach der höheren Wasserstoffionenaktivität verschoben (Tab. 2.5).

Tabelle 2.5 Ionenprodukt des Wassers
(nach KÜSTER, THIEL, FISCHBECK, 1956 [2.15])
$K_W = a_{H^\cdot} \cdot a_{OH'}$

t [°C]	K_W [mol/l]^2	Neutrale Reaktion bei pH-Wert
0	$10^{-14,89} = 0,13 \cdot 10^{-14}$	7,44
5	$10^{-14,68} = 0,21 \cdot 10^{-14}$	7,34
10	$10^{-14,45} = 0,36 \cdot 10^{-14}$	7,23
15	$10^{-14,34} = 0,58 \cdot 10^{-14}$	7,12
20	$10^{-14,07} = 0,86 \cdot 10^{-14}$	7,03
25	$10^{-13,80} = 1,27 \cdot 10^{-14}$	6,95
30	$10^{-13,73} = 1,89 \cdot 10^{-14}$	6,86
35	$10^{-13,57} = 2,71 \cdot 10^{-14}$	6,79
37	$10^{-13,51} = 3,13 \cdot 10^{-14}$	6,75
38	$10^{-13,48} = 3,35 \cdot 10^{-14}$	6,74
40	$10^{-13,42} = 3,80 \cdot 10^{-14}$	6,71
50	$10^{-13,25} = 5,6 \cdot 10^{-14}$	6,63

Wendet man die Dissoziationsgleichung auf eine schwache Säure, wie Kohlensäure, an, so erhält man:

$$\frac{a_{H^\cdot} \cdot a_{A'}}{a_{HA}} = K \tag{2.28}$$

bzw.

$$a_{H^\cdot}^{-1} = K^{-1} \cdot \frac{a_{A'}}{a_{HA}} \tag{2.29}$$

Logarithmiert man die Formel (2.29) und setzt die Definition für den pH-Wert ($p\mathrm{H} = -\log a_{H^\cdot}$) und den pK-Wert ($pK = -\log K$) ein, so erhält man die Puffergleichung in allgemeiner Form:

$$\log a_{H^\cdot}^{-1} = \log K^{-1} + \log \frac{a_{A^\cdot}}{a_{HA}} \tag{2.30}$$

$$-\log a_{H^\cdot} = -\log K + \log \frac{a_{A'}}{a_{HA}} \tag{2.31}$$

$$p\mathrm{H} = pK + \log \frac{a_{A'}}{a_{HA}} \tag{2.32}$$

Auf die erste Dissoziationsstufe der Kohlensäure angewandt, ergibt sich:

$$H_2CO_3 \underset{}{\overset{K_1}{\rightleftharpoons}} H^{\cdot} + HCO_3' \tag{2.33}$$

$$\frac{a_{H^{\cdot}} \cdot a_{HCO_3'}}{a_{H_2CO_3}} = K_1 \tag{2.34}$$

$$pH = pK_1 + \log \frac{a_{HCO_3'}}{a_{H_2CO_3}} \tag{2.35}$$

Diese Puffergleichung (2.35) für Hydrogenkarbonat ist als Henderson-Hasselbalch-Gleichung in die medizinische Literatur eingegangen (vgl. Abschn. 2.7.).

2.5. Puffer

Puffer sind chemische Stoffsysteme, die beschränkte Mengen zugesetzter Wasserstoff- oder Hydroxylionen zu binden bzw. freizusetzen vermögen. Sie haben deshalb die Eigenschaft, ihren ursprünglichen *p*H-Wert nach Zusatz von kleinen Mengen an Wasserstoff- oder Hydroxylionen beizubehalten. Puffer sind chemische Systeme, die eine schwache Säure neben einem Salz dieser Säure enthalten.

Wird der Lösung einer schwachen Säure (unvollständig dissoziiert) ein Salz (vollständig dissoziiert) zugesetzt, dessen anionischer Bestandteil dem Säurerest gleich ist, so wird die Dissoziation der schwachen Säure fast vollständig zurückgedrängt, da K eine Konstante ist:

$$H^{\cdot} + A' \rightleftharpoons HA; \quad \frac{a_H \cdot a_{A'}}{a_{HA}} = K \tag{2.36}$$

Das Verhältnis von Zähler zu Nenner ist durch K festgelegt. Zugesetzte Wasserstoffionen müssen mit noch vorhandenen Anionen (A′) solange zu undissoziierter Säure (HA) zusammentreten, bis das Zähler-Nenner-Verhältnis wieder gleich K wird. Dieser Vorgang ist möglich, solange $a_{H^{\cdot}} \ll a_{A'}$ ist. Der *p*H-Wert des Puffersystems nach Säurebelastung läßt sich aus der im Abschn. 2.4. abgeleiteten Puffergleichung berechnen:

$$pH = pK + \log \frac{a_{A'}}{a_{HA}} \tag{2.37}$$

Um den pH-Wert eines Puffers um eine Einheit zu erniedrigen, muß man so viel Wasserstoffionen zusetzen, daß das Verhältnis in Gleichung (2.37)

$$\frac{a_{A'}}{a_{HA}} = 0{,}1$$

wird, da pK konstant ist und $p\mathrm{H} - pK = -1$ werden soll. Quantitative Maße für das Puffervermögen eines Puffers sind der Pufferwert, der Pufferindex und der Verdünnungseinfluß. Der Pufferwert (β) ist definiert als der Differentialquotient aus der Molzahl zugesetzter Wasserstoffionen je Volumeneinheit (V_0) und der dadurch verursachten pH-Änderung:

$$\beta = \frac{1}{V_0} \cdot \frac{\mathrm{d}n}{\mathrm{d}p\mathrm{H}} \quad (\mathrm{val} \cdot p\mathrm{H}^{-1} \cdot \mathrm{l}^{-1}) \tag{2.38}$$

Graphisch ergibt sich der Pufferwert als Anstieg der Puffertitrationskurve beim Puffer-pH-Wert.
Der Pufferindex gibt an, wieviel Mole Wasserstoff- bzw. Hydroxylionen zu einem Liter Pufferlösung gegeben werden müssen,

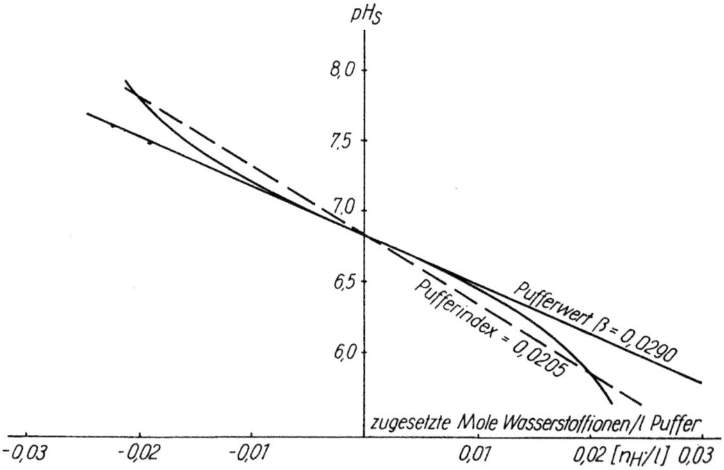

2.1 Puffertitrationskurve für den NBS-Phosphatpuffer D (Tab. 2.3)

um den pH-Wert um eine Einheit zu ändern. Der Pufferindex ergibt sich als Steigung der Geraden, die die Puffertitrationskurve jeweils bei $\Delta p\mathrm{H} = +1$ und $\Delta p\mathrm{H} = -1$ schneidet.
Die Änderung des pH-Wertes einer Pufferlösung durch Verdünnen mit dem gleichen Volumen an Wasser wird als Verdünnungseinfluß ($\Delta p\mathrm{H}_{1/2}$) bezeichnet.
Aus den vorstehenden Betrachtungen [Puffergleichung (2.37) und Abb. 2.1] geht hervor, daß der Pufferwert β um so größer ist, je näher der pH-Wert dem pK-Wert des verwendeten Puffers liegt und je größer die Konzentration der Pufferbestandteile ist. Die pK-Werte einiger Säuren und Basen bei 25 °C zeigt die Tabelle 2.6.

Tabelle 2.6 pK-Werte einiger Säuren und Basen bei 25 °C

CH_3COOH	$\rightleftharpoons CH_3COO'$	$+ H^\cdot$	4,75
H_2CO_3	$\rightleftharpoons HCO_3'$	$+ H^\cdot$	6,37
HCO_3'	$\rightleftharpoons CO_3''$	$+ H^\cdot$	10,25
H_3PO_4	$\rightleftharpoons H_2PO_4'$	$+ H^\cdot$	2,00
H_2PO_4'	$\rightleftharpoons HPO_4''$	$+ H^\cdot$	6,59
$NH_4^\cdot$	$\rightleftharpoons NH_3$	$+ H^\cdot$	9,20
H_2O	$\rightleftharpoons HO'$	$+ H^\cdot$	15,64

2.6. Puffer des extrazellulären Raumes und ihre Beziehungen zur Zelle

2.6.1. Puffer des Blutes

Zur Stabilisierung des pH-Wertes im Organismus über eine kurze Zeit stehen eine Reihe Puffersysteme des Extra- und Intrazellulärraumes zur Verfügung. Der Gesamtbestand an Wasserstoffionen im Organismus ist dabei sehr klein, er beträgt nur wenige Tausendstel mval (125 bis 16 nval $H^\cdot$/l bei pH 6,8 bis 7,8). Die Konzentration der $H^\cdot$-Ionen in den verschiedenen Flüssigkeitsräumen ist dabei sehr different. So liegt der normale pH-Wert im Extrazellulärraum bei 7,4 (im arteriellen Blut normalerweise zwischen 7,36 und 7,44, das venöse Blut ist um 0,02 bis 0,03 pH-Einheiten saurer), im Intrazellulärraum jedoch bei 7,0. WADDEL und BATES [2.16] erörtern

das Zustandekommen des intrazellulären pH-Wertes als ein zufälliges Ergebnis aus den pH-Werten einzelner Zellkompartimente. So zeigt das Zytoplasma einen pH-Wert von 6,0, die Mitochondrien einen solchen um 8,5. Diese Behauptung wird durch eine Reihe von Messungen sowie Beobachtungen an Elektrolytverteilungen unterstützt. Ursache für diese Konzentrationsgradienten sind die Permeabilitätseigenschaften der Zellmembran und die unterschiedliche Zusammensetzung der extra- und intrazellulären Flüssigkeit. Bestimmte Körperzellen können eine sehr hohe Wasserstoffionenkonzentration erzeugen, z.B. erreichen die säureproduzierenden Zellen der Magenschleimhaut einen pH-Wert von ungefähr eins (maximal etwa 160 mval $H^{\cdot}$/l).
Die pH-Wert-Konstanz ist durch die Differenz der Logarithmen von Pufferbasen (PB) und undissoziierten Säuren (HPB) gegeben:

$$pH = pK + \log \frac{PB}{HPB} = pK + \log PB - \log HPB \quad (2.39)$$

Die Dissoziation der Puffersysteme hängt von deren pK-Wert und dem aktuellen pH-Wert ab. Da die Dissoziation der über das CO_2 flüchtigen Kohlensäure nur von dem aktuellen pH abhängt, der sich als Ergebnis der Wirkung aller Puffersysteme eingestellt hat, kann das Kohlensäure-Hydrogenkarbonat-System als repräsentativ für die Beurteilung der gesamten Pufferwirkung angesehen werden. Das CO_2/HCO_3'-Puffersystem ist also diagnostischer Parameter für die Puffer des Blutes. Gegenüber dem Anfall saurer Metabolite (in erster Linie CO_2) sind die Blutpuffersysteme aber nur zum pH-Ausgleich in der Lage, solange die CO_2-Elimination über die Lunge intakt bleibt. Der Pufferwert der Puffersysteme des Blutes beträgt zusammengenommen etwa 24 mval $\cdot$ $l^{-1} \cdot pH^{-1}$ ohne Lungenbeteiligung. Nimmt man die Gesamtflüssigkeit des Körpers mit 36 l an, so errechnet sich ein Puffervermögen von etwa 865 mval/pH für den Gesamtkörper.
Stellt man den täglichen Anfall von etwa 20000 mmol CO_2 diesem Pufferwert gegenüber (= 832 mmol CO_2/h), so ergibt sich, daß das chemische Puffervermögen des Blutes, wenn das CO_2 nicht über die Lunge eliminiert werden könnte, nach etwa 1/2 h erschöpft (pH-Abfall auf etwa 6,9) ist.

Die chemischen Puffer des Blutes versetzen den Organismus nur in die Lage, momentane *p*H-Belastungen abzufangen. Wenn auch der *p*H-Wert sich im Zusammenwirken aller Puffersysteme nach der Henderson-Hasselbalch-Gleichung einstellt, so muß doch betont werden, daß die chemischen Puffer nur in Verbindung mit einer intakten Lungen- und Nierenfunktion in der Lage sind, die nötige *p*H-Wert-Konstanz zu gewährleisten.
In den Körperflüssigkeiten liegen verschiedene Puffersysteme vor.

2.6.2. Puffersysteme des Extrazellulärraumes

Kohlensäure-Hydrogenkarbonat-System

Betrachtet man das System nach den früher genannten Charakteristika für Puffer, muß man feststellen, daß es mit seinem *pK* von 6,1 beim Blut-*p*H von 7,4 als wirksamer Puffer nicht in Frage kommt. Seine Bedeutung liegt darin, daß es CO_2 als flüchtige Komponente enthält.
Bei einer Säurebelastung, z.B. mit Salzsäure, entsteht unter Verbrauch von HCO_3' Kohlensäure, die nach

$$H_2CO_3 \rightleftharpoons H_2O + CO_2 \tag{2.40}$$

zerfällt und abgeatmet werden kann. Diese Anpassung der CO_2-Konzentration an die erniedrigte HCO_3'-Konzentration führt zu dem Ergebnis, daß das Verhältnis $[HCO_3']/[CO_2]$ entsprechend der Puffergleichung gewahrt bleibt. Bei Basenbelastung entsteht zuerst durch die starke Base eine schwächere Base, die dann Kohlensäure verbraucht. Für die renale Ausscheidung dieser Base steht ebenfalls ein CO_2-Mechanismus zur Verfügung. Durch Diffusion ist die CO_2-Konzentration des frisch gebildeten Harns mit der des Plasmas identisch. Durch Reaktion des CO_2 mit der Base wird die Verschiebung der Reaktion in den basischen Bereich durch die ausgeschiedene Base gedämpft. Außerdem kann ein pulmonaler Angleich der CO_2-Konzentration an das erhöhte Hydrogenkarbonat erfolgen.
Diese besondere Puffermöglichkeit ist nur bei primären Veränderungen der Hydrogenkarbonatkonzentration gegeben. Bei Ver-

änderungen der CO_2-Konzentration ist die Pufferwirkung wegen des weit vom pH entfernt liegenden pK wesentlich geringer.

Pufferung durch Plasmaproteine

$$\text{Puffergleichung: } pH = {}^*pK_{HProt} + \log \frac{[Prot']}{[HProt]} \quad (2.41)$$

Die Pufferwirkung der Eiweiße beruht auf ihrer Ampholytnatur. Durch das Vorkommen verschiedener Aminosäurereste im Protein, deren Pufferbereiche sich überlagern, ist die Pufferung in einem weiten pH-Bereich möglich. Je nach Art der in den Eiweißen vorhandenen Aminosäuren, haben verschiedene Eiweiße verschiedene Pufferbereiche. Die Plasmaproteine binden bei einem pH zwischen 6,5 und 7,5 etwa 4 mval $H^{\cdot}$/l.

System sekundäres/primäres Phosphat

$$\text{Puffergleichung: } pH = 6{,}8 + \log \frac{[HPO_4'']}{[H_2PO_4']} \quad (2.42)$$

Trotz des günstigeren pK-Wertes hat das Phosphatsystem wegen der geringen Konzentration im Plasma nur eine untergeordnete Bedeutung.

Puffersysteme der Erythrozyten

Die Puffersysteme der Erythrozyten sind die Imidazolgruppen des Histidins im Hämoglobin, die Zellproteine, die Phosphate und das Hydrogenkarbonat. Den wesentlichen Bestandteil der Pufferung bildet das Hämoglobin. Ein Molekül besteht aus 540 Aminosäuren, wovon 171 titrierbar sind. Davon sind 36 Histidylgruppen mit einem pK von 6,5 bis 7,0. Das macht Hämoglobin zu einem ausgezeichneten Puffer im physiologischen Bereich des pH-Wertes. Dazu kommen 4 Valyl-NH_2-Gruppen mit einem pK von 7,8. Durch Kombination resultiert eine Titrationskurve für das Hämoglobin, die im physiologischen Bereich nahezu gerade verläuft.
Der Anstieg der Kurve ergibt einen Pufferwert von 12,1 mmol $\times l^{-1} \cdot pH^{-1}$. Das Histidin stellt außerdem die Sauerstoffbindungsstelle im Hämoglobin dar, die in Abhängigkeit von der Sauerstoffbeladung den pK-Wert des Hämoglobins verändert. Der pK-Wert beträgt im Oxyhämoglobin 6,7, im Hämo-

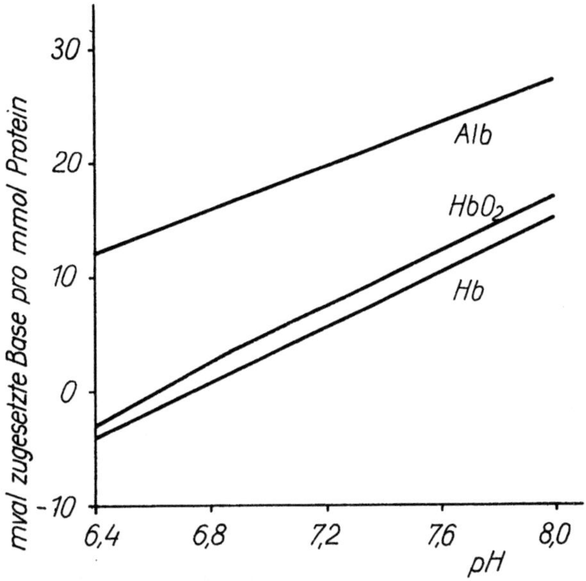

2.2 Titrationskurve von Hämoglobin (Hb), Oxyhämoglobin (HbO_2) und Serumalbumin (Alb)

globin 7,9. Da die Titrationskurven beider Verbindungen nahezu parallel verlaufen, ändert sich der Pufferwert kaum. Das sauerstoffgesättigte Hämoglobin hat einen geringeren *pK*, d.h., es gibt Wasserstoffionen ab, während das reduzierte Hämoglobin mit einem höheren *pK* Wasserstoffionen aufnehmen kann. Es ermöglicht den CO_2-Transport bei nahezu konstantem Blut-*p*H-Wert.

Die Wirkung der O_2-Abgabe bzw. -Aufnahme auf die Dissoziationskonstante des Hämoglobins ist von der O_2-Sättigung, der Menge des vorkommenden CO_2-Hämoglobins und dem *p*H-Wert abhängig [2.57].

Das aus dem Stoffwechsel stammende CO_2 diffundiert entsprechend dem Druckgefälle aus dem Gewebe in die Kapillaren. Von dort wird es in die Erythrozyten aufgenommen. Durch die Karboanhydrase wird ein Teil rasch hydratisiert. Dieser Teil dissoziiert z.T. in $H^{\cdot}$ und HCO_3'. Das Hämoglobin verhält sich

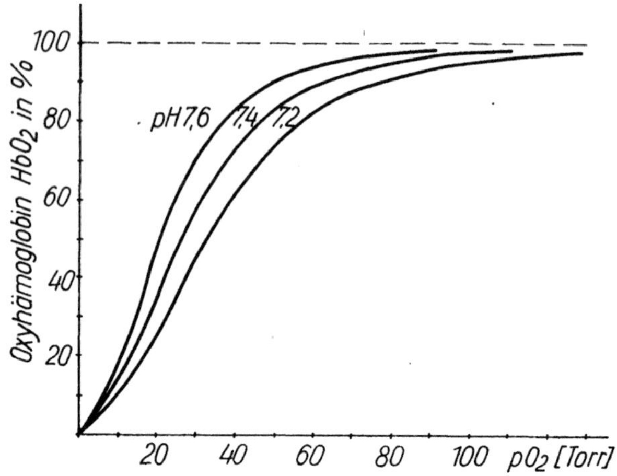

2.3 Sauerstoffbindungskurven des menschlichen Blutes bei pH = 7,2; 7,4 und 7,6 für 37 °C

nach O_2-Abgabe an das Gewebe wie eine Base und nimmt Wasserstoffionen auf:

$$HbO_2' + H^{\cdot} + HCO_3' \rightleftharpoons HHb + HCO_3' + O_2 \qquad (2.43)$$

Das übriggebliebene HCO_3' wird im Austausch gegen Cl′ an das Plasma abgegeben. Bei der Oxygenierung des Hämoglobins in der Lunge geht der Vorgang unter umgekehrten Vorzeichen vor sich:

$$\begin{aligned} O_2 + HHb + HCO_3' &\rightleftharpoons HbO_2' + H_2CO_3 \\ &\rightleftharpoons H_2O + CO_2 + HbO_2' \end{aligned} \qquad (2.44)$$

womit die Exkretion von CO_2 erleichtert wird.

Daneben ist das Hämoglobin imstande, eine direkte Verbindung mit dem CO_2 zu einer Karbaminosäure einzugehen:

$$HbNH_2 + CO_2 \rightleftharpoons HbN\begin{matrix} \diagup H \\ \diagdown COOH \end{matrix} \qquad (2.45)$$

Dieser Vorgang läuft ohne vorangehende Hydratisierung ab und ist für den Transport von etwa 10 % des CO_2-Gehaltes des venösen Blutes verantwortlich.

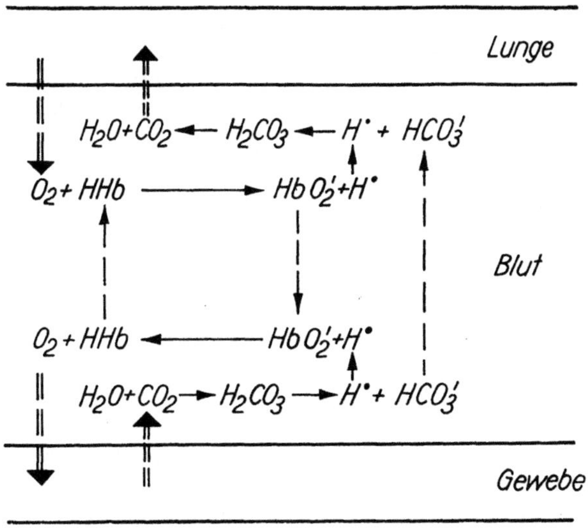

2.4 Schematische Darstellung der Pufferung durch das Hämoglobin in Zusammenhang mit dem Sauerstofftransport

Pufferung durch das Skelettsystem

An der Pufferung des Extrazellulärraumes beteiligt sich auch die Oberfläche der Mineralsubstanz des Knochens. Die im Skelett verfügbare gesamte Basenmenge, die auf etwa 35000 mval geschätzt wird, spielt offenbar bei der Neutralisation chronischer renaler Azidosen eine Rolle.

Wirkung der extrazellulären Puffersysteme

Alle wesentlichen Puffersysteme des Organismus haben *pK*-Werte, die unter dem Blut- und Zell-*pK* liegen. Das bedeutet, daß der Pufferwert bei abfallendem *p*H zunimmt, während er bei Basenbelastung abnimmt.
Die Puffersysteme des Blutes zusammengenommen ergeben für aktuelle Säure-Basen-Störungen einen maximalen Pufferwert von rund 120 mval $\cdot$ l^{-1} $\cdot$ $p\text{H}^{-1}$ der sich wie folgt verteilt:

Tabelle 2.7 Pufferwert der Puffersysteme im Blut in vitro

System	$mval \cdot l^{-1} \cdot pH^{-1}$ bei pCO_2 = 40 mm Hg	
Chemische Puffer im Blut ohne Gasphase	24,2	
Anteil der Erythrozyten		16,2
Anteil des Plasmas		8,0
davon HCO_3'/H_2CO_3 ohne Gasphase		2,6
Chemische Puffer im Blut mit Gasphase	52,6	
Gesamte Kapazität ohne Atemanpassung	76,8	

Wird nun durch Ventilationsänderung der *p*H-Wert konstant gehalten, so ändern sich die Säure-Basen-Quotienten der chemischen Puffer nicht, es ändert sich nur die Gesamtkonzentration des Hydrogenkarbonatsystems. Die Adaptation ist nicht unbegrenzt; innerhalb der physiologischen Möglichkeiten ergeben sich die Werte in Tabelle 2.8.
Quantitativ spielt letztlich nur das Kohlensäure-Hydrogenkarbonat-Puffersystem eine Rolle.
In einem geschlossenen System hätte das Kohlensäure-Hydrogenkarbonat-System mit seinem $pK = 6{,}1$ im Plasma bei 38 °C und den geringen Konzentrationen von Hydrogenkarbonat (= 24 mval/l) und Kohlensäure (= 1,2 mval/l) nur einen geringen Pufferwert (= 2,6 $mval \cdot l^{-1} \cdot pH^{-1}$; vgl. Tab. 2.7). Erhält das System Kontakt zum Alveolarraum mit seinem näherungsweise konstanten Kohlendioxidpartialdruck, so steigt der Pufferwert auf den etwa 20fachen Betrag (52,6 $mval \cdot l^{-1} \cdot pH^{-1}$). Der Pufferwert der anderen im Plasma enthaltenen Puffer ist minimal (Serumeiweiß etwa 5 $mval \cdot l^{-1} \cdot pH^{-1}$, Phosphatsystem etwa 0,4 $mval \cdot l^{-1} \cdot pH^{-1}$). Damit wird klar, daß der *p*H-Wert des Extrazellulärvolumens über die Zeit nur in Verbindung mit der Atmung gesichert werden kann.
Grundlage der Berechnungen zu den Tabellen sind Durchschnittswerte für die CO_2-Konzentration des Wassergehaltes des Blutes, des Erythrozytenvolumens usw. Die Verwendung anderer Werte kann abweichende Ergebnisse liefern.
Der Pufferwert der Erythrozyten (Tab. 2.7) beträgt mit 16,2 $mval \cdot l^{-1} \cdot pH^{-1}$ etwa 65% der chemischen Pufferkapazität im Blut.

Tabelle 2.8 Pufferwert des Blutes in Verbindung mit der Ventilation

System	$mval \cdot l^{-1} \cdot pH^{-1}$ =	%
Chemische Puffer im Blut	24,2	20
HCO_3'/H_2CO_3 bei konstantem pCO_2	52,6	45
Zuwachs in Verbindung mit der Ventilation	41,6	35
Gesamte Kapazität	118,4	100

Darüber hinaus das Blut sorgt nahezu allein dafür, daß das im Stoffwechsel gebildete CO_2 (als HCO_3') ohne wesentliche pH-Verschiebung zu den Lungen transportiert wird (Abb. 2.4). Oxyhämoglobin ist eine stärkere Säure als Hämoglobin. Je Mol aufgenommenen bzw. abgegebenen Sauerstoff werden 0,7 Mol $H^{\cdot}$ freigesetzt bzw. gebunden. Dieser Wert wurde neuerdings für normale Säure-Basen-Verhältnisse bestätigt. Unter den Bedingungen metabolischer oder respiratorischer Azidosen und Alkalosen wird der Quotient $dH^{\cdot}/d\,HbO_2$ in Abhängigkeit vom pH-Wert, der Sauerstoffsättigung und der CO_2-Konzentration im Blut verändert. Daher kommt es, daß die pH-Differenz zwischen arteriellem und venösem Blut bei respiratorischen Azidosen ($d\,H^{\cdot}/d\,HbO_2 > 0{,}7$ bis 1,0) kleiner bis negativ, bei respiratorischen Alkalosen ($d\,H^{\cdot}/d\,HbO_2 < 0{,}7$) größer als normal sein kann.

2.6.3. Beziehungen zwischen Extra- und Intrazellulärvolumen

Der Extrazellulärraum schafft für die Zelle die Möglichkeiten für die Stoffaufnahme und -abgabe. Damit dient das Extrazellulärvolumen der höheren Organisationsform der Zelle. Im Falle der Funktionseinschränkung des Extrazellulärraumes leiden die Beziehungen zwischen Zelle und Extrazellulärvolumen. Der ungenügende Abtransport der Metabolite aus der Zelle führt zum Rückstau. Die Zelle wird so zu Reaktionen gezwungen, die zwar einen gewissen Puffereffekt ergeben, aber zur Beeinträchtigung ihrer Funktion führen. Damit wird der letzte Schritt der Existenzbedrohung der Zelle eingeleitet.

Die Partner des Säure-Basen-Gleichgewichtes sind z.T. ebenso wie die des Elektrolytgleichgewichtes als geladene Teilchen (Ionen) dem Gesetz der Elektroneutralität verpflichtet. Dies ist die allgemeinste Form der Verknüpfung des Säure-Basen- mit dem Elektrolyt- und Wassergleichgewicht.
Diese Beziehungen werden durch die biologische Notwendigkeit der Konstanz der Teilchen je Lösungsraum (Osmolalität) begrenzt.

2.7. Henderson-Hasselbalch-Gleichung

HENDERSON erkannte, daß die Gleichung

$$K_c = \frac{[H^\cdot] \cdot [A']}{[HA]} \tag{2.46}$$

auch für physiologische Verhältnisse gilt, und verwendete sie, um das Verhalten des Kohlensäure-Hydrogenkarbonat-Puffers zu beschreiben:

$$K_c = \frac{[H^\cdot]\,[HCO_3']}{[H_2CO_3]}$$

bzw. besser

$$K_1 = \frac{a_{H^\cdot} \cdot a_{HCO_3'}}{a_{H_2CO_3}} = 6.328 \text{ bei } 38\ °C \tag{2.47}$$

Nachdem später SØRENSEN den *p*H-Begriff eingeführt hatte, vereinigte HASSELBALCH beide Formeln zu einer Gleichung, die heute als Henderson-Hasselbalch-Gleichung bekannt ist:

$$pH = pK_1 + \log \frac{a_{HCO_3'}}{a_{H_2CO_3}} \tag{2.48}$$

bzw.

$$pH = pK_1 + \log \frac{a_{HCO_3'}}{\alpha \cdot p\,CO_2} \tag{2.49}$$ [1]

[1] α = modifizierter Bunsenscher Absorptionskoeffizient und drückt die Konzentration des gelösten $CO_2 + H_2CO_3$ in mol/l · Torr aus.
$\alpha = 3{,}00 \cdot 10^{-5}$ bei 38 °C für Plasma nach BARTELS und WRBITZKY [2.17].
pK_1 = thermodynamischer Dissoziationsexponent, wenn HCO_3' und CO_2 in molaren Aktivitäten angegeben werden = 6,328 für $NaHCO_3$-Lösungen bei 38 °C [2.18]. In der klinischen Routine wird beim Arbeiten mit Blut für $^{**}pK_1$ der Wert 6,100 bei 38 °C verwendet.

Die detaillierte Anwendung der Henderson-Hasselbalch-Gleichung auf das Blut ist besonders mit den Namen von WARBURG, PETERS und VAN SLYKE, MC LEAN und SIGGAARD-ANDERSEN verbunden.
Da aber weder der Blut-pH-Wert exakt $-\log a_{H^\cdot}$ ist, noch die Aktivitäten von Hydrogenkarbonat und Kohlensäure im Blut einfach bestimmt werden können, muß pK_1 (der thermodynamische Dissoziationsexponent der Kohlensäure) den realen Bedingungen entsprechend modifiziert werden. Bei Verwendung molarer Konzentrationen wird $^*pK_1$ von der Ionenstärke abhängig:

$$pH = {}^*pK_1 + \log \frac{c_{HCO_3'}}{c_{H_2CO_3}} \tag{2.50}$$

Dabei bedeuten:

$$^*pK_1 = pK_1 - 0{,}495\sqrt{I} = 6{,}136$$

$$I = 0{,}5 \sum c_i \cdot z_i^2 = 0{,}15$$

Da die molare Konzentration von Hydrogenkarbonat schwierig zu bestimmen ist, arbeitet man mit der titrimetrisch bestimmbaren Hydrogenkarbonatkonzentration ($^{**}HCO_3'$). Diese scheinbare Hydrogenkarbonatkonzentration ist um die Konzentrationen an $NaCO_3'$, CO_3'' und PR$-$NH$-$COO$'$ höher als die wahre Hydrogenkarbonatkonzentration ($c_{HCO_3'}$). Verwendet man die scheinbare Hydrogenkarbonatkonzentration, so erhält man einen weiter modifizierten Dissoziationsexponenten ($^{**}pK_1$), der von der Ionenstärke, dem Proteingehalt und dem pH-Wert abhängig ist.
Nach SIGGAARD-ANDERSEN [2,19] läßt sich für $^{**}pK_1$ bei 38 °C und Plasma folgender Ausdruck formulieren:

$$^{**}pK_1 = \underbrace{pK_1 - 0{,}495\sqrt{I}}_{\substack{\text{Dissoziationsexpo-}\\\text{nent bei molarer}\\\text{Konzentration}\\= {}^*pK_1 = 6{,}136}} + \underbrace{\log \frac{1 - q\,(1 - d_{CO_2})}{1 - q\,(1 - d_{HCO_3'})}}_{\substack{\text{Korrektur durch die Ver-}\\\text{teilung von } CO_2 \text{ und } HCO_3'\\\text{zwischen wäßriger und Pro-}\\\text{teinphase} = 0{,}027}} \tag{2.51}$$

$$- \underbrace{\log\left(1 + \frac{^*K_2}{a_{H^\cdot}} + 2\,\frac{^*K_2 \cdot a_{Na^\cdot}}{a_{H^\cdot} \cdot {}^*K_{Na^\cdot}} + \frac{^*K_{Am}}{^*K_1}\,[Pr]\right)}_{\substack{\text{Korrektur durch die bei der titrimetrischen Be-}\\\text{stimmung von } ^{**}HCO_3' \text{ mitbestimmten Ionen:}\\ NaCO_3',\ CO_3'' \text{ und Pr—NH—COO}'}}$$

Erklärung der Symbole zur Formel (2.51)

$^*pK_1$ = Dissoziationsexponent bei Verwendung molarer Konzentrationen (= 6,136 bei 38 °C für I = 0,15)

$^{**}pK_1$ = Dissoziationsexponent, wenn HCO_3' titrimetrisch bestimmt wurde (= 6,099 bei 38 °C, pH = 7,4 im Plasma)

I = Ionenstärke im Plasma (= 0,15)

q = Volumenverhältnis von Proteinphase und wäßriger Phase (= 0,06)

d = Verteilungsquotient von CO_2 bzw. HCO_3' in den Phasen Protein/Wasser

a = Aktivität

c = molare Konzentration

$^*K_2$ = 2. Dissoziationskonstante der Kohlensäure bei Verwendung molarer Konzentrationen (= $10^{-9,8}$)

$^*K_{Na^\cdot} = \frac{c_{Na^\cdot} \cdot c_{CO_3''}}{c_{NaCO_3'}}$ (= 0,075)

$^*K_{Am}$ = Gleichgewichtskonstante für Karbamino-CO_2 (= $6{,}10^{-7}$ bei 38 °C)

[Pr] = Proteinkonzentration in g/100 ml Plasma (= 0,00104 [Pr] × (pH − 5,08)

Drückt man die Konzentration der Kohlensäure durch den Kohlendioxidpartialdruck aus: $c_{H_2CO_3} = \alpha \cdot pCO_2$, so erhält man die Henderson-Hasselbalch-Gleichung in der üblichen Form:

$$pH = {}^{**}pK_1 + \log \frac{^{**}HCO_3'}{\alpha \cdot pCO_2} = 6{,}1 + \log \frac{^{**}HCO_3'}{0{,}03 \cdot pCO_2} \tag{2.52}$$

Bei der praktischen Arbeit hat es sich eingebürgert, mit dieser Gleichung 2.52 zu arbeiten; man sollte aber dabei folgende Punkte beachten:

- der verwendete pK-Wert von 6,1 ist nur gültig bei pH = 7,40 und 38 °C,

$^{**}pK_1$ = 6,113	bei pH = 7,0		für Plasma bei 38 °C
6,107	7,2		
6,099	7,4		
6,089	7,6		

- die als Geraden gezeichneten pH/log pCO$_2$-Funktionen sind schwach gekrümmt

- stark pathologische Werte des Basenüberschusses und des pCO_2 sind nur fehlerhaft bestimmbar.

Stellt man die Henderson-Hasselbalch-Gleichung in einem halblogarithmischen Koordinatensystem pH über log pCO_2 dar, so erhält man für Hydrogenkarbonatlösungen unterschiedlicher Konzentration annähernd parallele Geraden vom Anstieg -1 (Abb. 2.5).

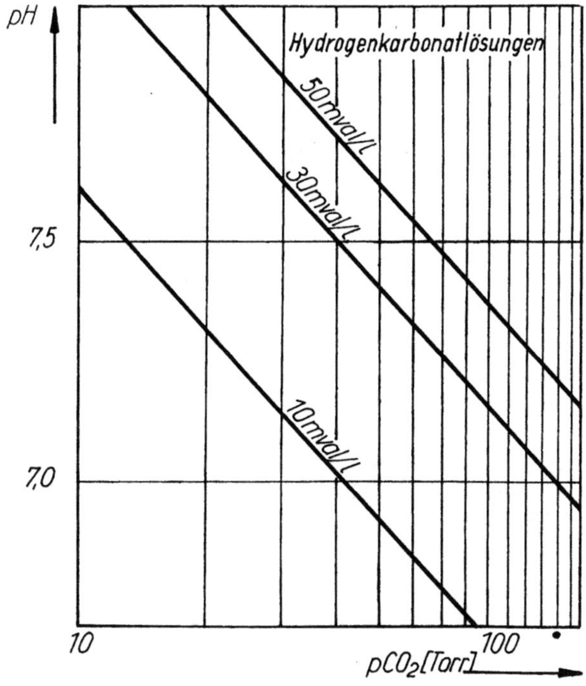

2.5 Hydrogenkarbonatlösungen unterschiedlicher Konzentration ergeben im pH/log pCO_2-Diagramm paralleleGeraden gleicher Steigung

In proteinhaltigen Lösungen (Plasma) hängt der Anstieg der pH/log pCO_2-Kurve noch von dem Pufferwert der Nichtkarbonatpuffer ab.

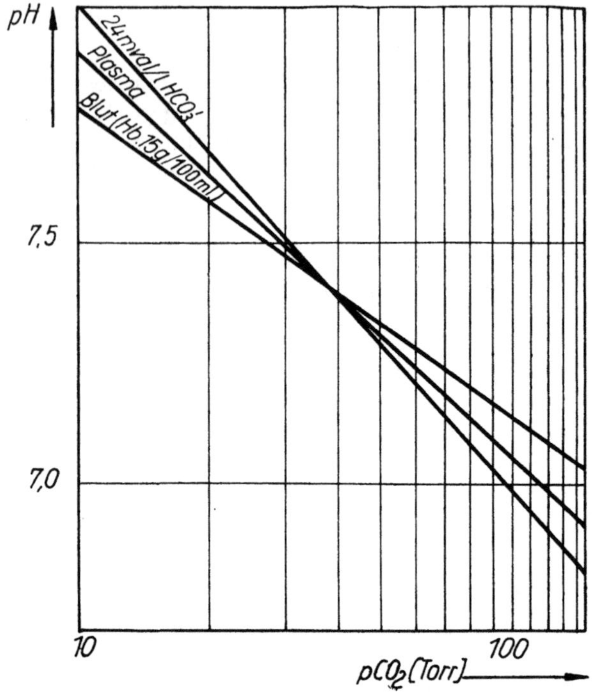

2.6 Lösungen unterschiedlicher Pufferkapazität zeigen im pH/log pCO$_2$-Diagramm Geraden unterschiedlicher Steigung. Die Pufferkapazität steigt mit vermehrtem Protein

Da die Proteine zum größten Teil die hydrogenkarbonatfreien Puffer ausmachen, ergibt die Äquilibrierung mit CO_2:

$$d[Pr'] = -d[{**}HCO_3'] \tag{2.53}$$

denn die zugesetzte Kohlensäure ($\alpha \cdot p$CO$_2$) wird durch die Nichthydrogenkarbonatpuffer gepuffert:

$$\frac{d[Pr']}{d pH} = -\frac{d[{**}HCO_3']}{d pH} = -0{,}104\,[Pr] \tag{2.54}$$

Aus experimentellen Angaben von SIGGAARD-ANDERSEN [2.18] wurden für die pH/log pCO$_2$-Gleichgewichtskurven bei

38 °C Anstiege von

$$\frac{d\,pH}{d\log pCO_2} = -0{,}848 \text{ für Plasma} \begin{pmatrix}(\text{Protein} = 72\ \text{g/l}\\ \text{und BÜ} = 0\ \text{mval/l})^{1}\end{pmatrix} \quad (2.55)$$

und

$$\frac{d\,pH}{d\log pCO_2} = -0{,}637 \text{ für Vollblut} \begin{pmatrix}(\text{Hb} = 15\ \text{g/100 ml}\\ \text{und BÜ} = 0\ \text{mval/l}\end{pmatrix} \quad (2.56)$$

berechnet.

Obwohl der Anstieg strenggenommen mit dem pH-Wert und dem Basenüberschuß gering variiert, werden für den physiologischen Bereich näherungsweise alle pH/log pCO_2-Gleichgewichtskurven für verschiedene BÜ-Werte und Hämoglobinkonzentrationen linear gezogen. Diese Näherung macht die nomographische Auswertung der durch Äquilibriertechnik gewonnenen Blut-pH-Meßwerte überhaupt möglich. Vollständige Linearität besitzt die Blutgleichgewichtskurve für BÜ = 15 mval/l bei der Hämoglobinkonzentration = 15,1 g/100 ml. Die Abweichung von der Linearität nimmt nach kleineren pH-Werten zu.

Die Veränderungen der pH/log pCO_2-Kurve bei Addition von nichtflüchtigen Säuren oder Basen (ΔBÜ) ergibt sich einfach aus der Beziehung

$$\Delta\ \text{Base} = \Delta\ [{}^{**}HCO_3'] \quad (pH = \text{konstant}) \quad (2.57)$$

Die pH/log pCO_2-Kurve wird annähernd parallel zur Ordinate (pH-Achse) nach höheren Werten durch Basen, nach kleineren pH-Werten durch Säuren verschoben. Die pH/log pCO_2-Gleichgewichtslinien konvergieren für fallende BÜ-Werte abwärts zur sauren Seite (Abb. 2.7).

Praktisch wird der Basenüberschuß nomographisch als Schnittpunkt der pH/log pCO_2-Linie mit der Basenüberschußkurve ermittelt. Die Basenüberschußkurve ist der geometrische Ort der Säure-Basen-Werte, für die gilt:

BÜ in der Erythrozytenflüssigkeit = BÜ im Plasma

Der Basenüberschuß kann aber auch von Gleichung (2.57) ausgehend berechnet werden, wenn die Verteilung von nichtflüch-

---

[1] BÜ = Basenüberschuß (in mval/l) = Abweichung an titrierbarer Base von der Normalpufferbase (= 41,6 mval/l)

tiger Base zwischen Plasma und Blutzellen berücksichtigt wird:

$$BÜ_{Blut} = \Delta[^{**}HCO_3']_{\substack{Blut\\ pH = 7{,}40}} \cdot [1 - 0{,}0125\,(Hb)] \quad (2.58)$$

Dabei bedeutet:

$$\Delta[^{**}HCO_3']_{\substack{Blut\\ pH = 7{,}40}}$$

$$= [^{**}HCO_3']_{\substack{Plasma\\ pH = 7{,}40\\ pCO_2 = x}} - [^{**}HCO_3']_{\substack{Plasma\\ pH = 7{,}40\\ pCO_2 = 40\ Torr}}$$

Für sauerstoffgesättigtes Blut erhält man den Basenüberschuß durch Multiplikation der Änderung der Plasmahydrogenkarbo-

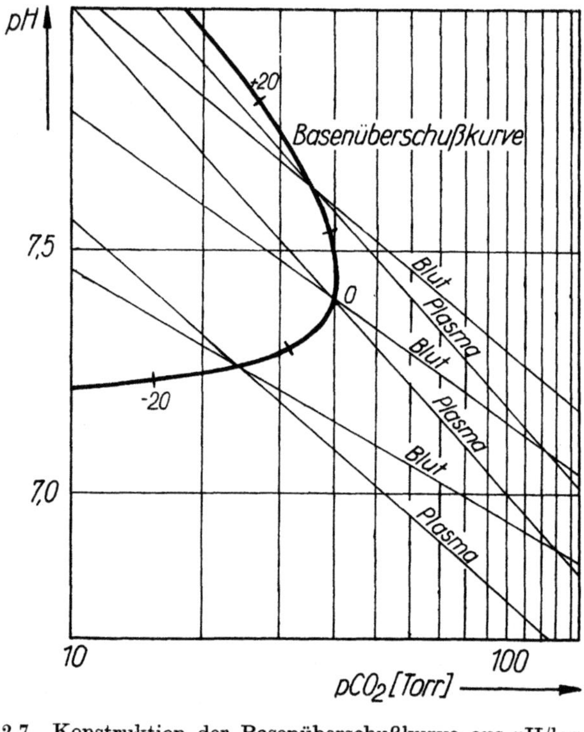

2.7 Konstruktion der Basenüberschußkurve aus $pH/\log pCO_2$-Kurven von Blut und Plasma verschiedenen Basengehaltes

natkonzentration bei pH = 7,40 mit einem von der Hämoglobinkonzentration (in g/100 ml) abhängigen Faktor.
Da die pH/log $p$$CO_2$-Kurve durch Äquilibrieren mit Gasen gefunden wird, die eine Sauerstoffsättigung des Hb bewirken, werden Fehler gemacht, wenn die aktuelle Blutprobe nicht sauerstoffgesättigt ist [2.20]. Bei arteriellen Blutproben (auch aus Kapillarabnahmen) sind Korrekturen nur nötig, wenn der Patient infolge einer kardialen oder respiratorischen Insuffizienz hypoxämisch ist. Im Schock darf Kapillarblut nicht als gesättigt angesehen werden, da die periphere Perfusion ungenügend ist.

2.8. Größen des Säure-Basen-Status des Blutes

Das Säure-Basen-Gleichgewicht schließt alle Teile der Körperflüssigkeiten ein, jedoch ist nur das Blut der unmittelbaren Beobachtung zugänglich. Die pathologischen Veränderungen

Tabelle 2.9 Veränderungen der Säure-Basen-Größen

	Nichtrespiratorische Störung, angezeigt durch veränderte Basenüberschußwerte in mval/l bei normalem Kohlendioxidpartialdruck = 36 bis 44 Torr		Respiratorische Störung, angezeigt durch veränderte Kohlendioxidpartialdrucke in Torr	
	nichtresp. Alkalose	nichtresp. Azidose	respirat. Azidose	respirat. Alkalose
	$3 <$ BÜ	< -3	$44 < p\mathrm{CO_2}$	< 36
	$7{,}44 < p$H	$< 7{,}36$	$7{,}36 > p$H	$> 7{,}44$
Grad der Störung	**BÜ [mval/l]**		**$p\mathrm{CO_2}$ [Torr]**	
geringgradig	+ 3 bis + 10	− 3 bis − 10	44 bis 55	36 bis 28
mittelgradig	+ 10 bis + 17	− 10 bis − 17	55 bis 70	28 bis 20
hochgradig	> 17	− 17 bis − 25	> 70	< 20

des Säure-Basen-Gleichgewichtes des Blutes stellen sich als Summe der respiratorischen und nichtrespiratorischen (metabolische und renale) Störungen dar. Die Säure-Basen-Analyse des Blutes besteht aus der Bestimmung des aktuellen *p*H-Wertes, des Kohlendioxidpartialdruckes und des Basenüberschusses.
Tabelle 2.9 gibt eine Orientierung über die Veränderungen der Säure-Basen-Größen in Relation zum klinischen Schweregrad einfacher, nichtkompensierter Störungen.
Das Standardhydrogenkarbonat (titrimetrisch bestimmte Hydrogenkarbonatkonzentration in mval/l im Plasma des bei pCO_2 = 40 Torr mit Sauerstoff zur vollen Sättigung des Hämoglobins äquilibrierten Blutes) liefert für Plasma eine ähnliche Information wie der Basenüberschuß, ist aber bei Anwendung auf Vollblut von der Hämoglobinkonzentration abhängig.
Die z.T. noch gebräuchlichen Größen, wie aktuelles Hydrogenkarbonat[1], Gesamt-CO_2[2] und CO_2-Bindungsvermögen[3], sollten wegen ihres geringeren Informationsgehaltes zur Beurteilung von Säure-Basen-Störungen nicht mehr herangezogen werden. Diese Werte schwanken nicht nur mit dem überschüssigen Anteil an gebundener Säure oder Base, sondern auch mit dem pCO_2 des Blutes.

2.8.1. Blut-*p*H-Wert

Der normale aktuelle *p*H-Wert des arteriellen Blutes liegt etwa bei 7,4 bei 38 °C. Eine Erniedrigung wird als Azidose, eine Erhöhung als Alkalose (Basose) bezeichnet. Veränderungen des

[1] Das aktuelle Hydrogenkarbonat gibt die Hydrogenkarbonatkonzentration in mval/l im Plasma des anaerob entnommenen Blutes an.

[2] Unter Gesamt-CO_2 versteht man den Gesamtgehalt von CO_2 im Plasma, das bei aktuellem pCO_2 von den Blutkörperchen abgetrennt worden ist. Dieser Wert umfaßt das physikalisch gelöste CO_2 und das aus dem aktuellen Hydrogenkarbonat durch Säureeinwirkung freisetzbare CO_2. Das Gesamt-CO_2 wurde in der Vergangenheit deshalb benutzt, weil es mit dem van-Slyke-Apparat relativ leicht bestimmt werden konnte.

[3] Das CO_2-Bindungsvermögen ist der Gehalt an Gesamt-CO_2 im Plasma, das bei aktuellem pCO_2 von den Blutkörperchen getrennt und dann vor der *p*H-Bestimmung mit CO_2 von einem Partialdruck von 40 Torr äquilibriert wurde.

Blut-pH-Wertes sind sowohl durch respiratorisches Geschehen (Abatmung oder Retention von CO_2) als auch durch die Ansammlung nichtflüchtiger Säuren oder Basen im Blut möglich. Der aktuelle pH-Wert zeigt die Art (Azidose, Normal, Alkalose) und den Grad der Störung an.

2.8.2. Kohlendioxidpartialdruck

Der Kohlendioxidpartialdruck (pCO_2 in Torr) des arteriellen Blutes kann Indikator sein

- für die Störung des Regelsystems (pH-Wert) selbst bzw.
- für die respiratorische Kompensation der Störungen des Säure-Basen-Gleichgewichtes.

Der Normalwert liegt für arterielles Blut etwa bei 40 Torr. Die Abweichungen, die sich aus dem nicht idealen Verhalten des CO_2 ergeben, sind angesichts der biologischen Schwankungsbreite unerheblich und werden vernachlässigt.

2.8.3. Basenüberschuß

Die nichtrespiratorischen Säure-Basen-Störungen werden durch den Basenüberschuß (BÜ) angezeigt. Der BÜ gibt die Ansammlung von nichtflüchtigen Säuren oder Basen in mval/l Abweichung vom Normalwert an titrierbarer Base an. Der Basenüberschuß Null entspricht einer titrierbaren Base von 41,6 mval/l (Normalpufferbase) bei $p\text{H} = 7{,}40$, $pCO_2 = 40$ Torr und 38 °C. Der Anteil des Hydrogenkarbonats an der Normalpufferbase (NPB) beträgt 23,8 mval/l.

$$\text{BÜ} = \Delta\,\text{Pufferbasen} = \text{Pufferbasen} - \text{NPB} \qquad (2.59)$$

Die relative Konzentrationsangabe in mval/l Abweichung vom normalen Gehalt an Base ermöglicht eine gewisse Verwertung für die Substitutionstherapie. Normal ist ein Basenüberschuß zwischen 3 und -3 mval/l bei normalem Kohlendioxidpartialdruck. Der Basenüberschuß kann infolge von nichtrespiratorischer Stabilisierung respiratorischer Störungen verschoben sein.

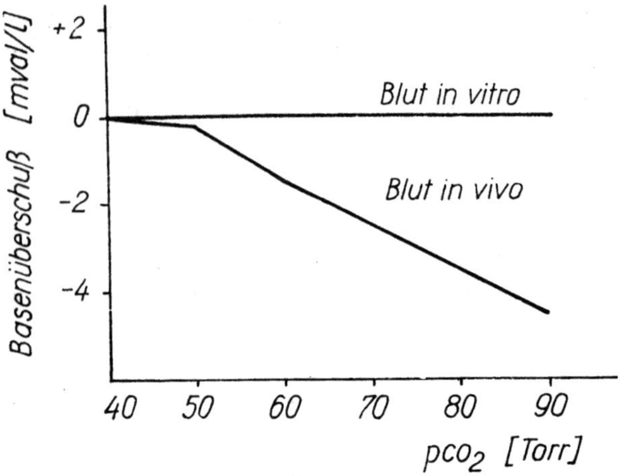

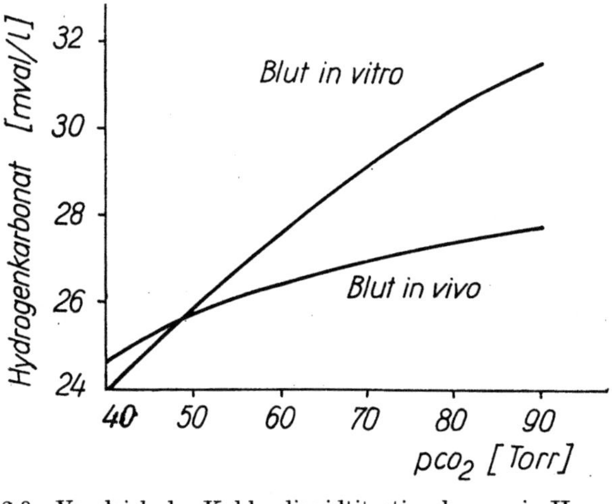

2.8 Vergleich der Kohlendioxidtitrationskurven in Humanblut für Hydrogenkarbonat und Basenüberschuß in vitro und in vivo

Es ist zu beachten, daß im Organismus andere Bedingungen als im Tonometer gegeben sind.
In vitro (im Tonometer) entsteht bei CO_2-Belastung Hydrogenkarbonat in dem Umfang, wie Hämoglobin Wasserstoffionen

aufnimmt. Die Summe der Pufferbasen in der Blutprobe (im wesentlichen Hämoglobin und Hydrogenkarbonat) bleibt konstant, die Änderung des Basenüberschusses ist Null [2.21] (vgl. Abb. 2.8):

$$CO_2 + H_2O \rightleftharpoons H_2CO_3$$

$$H_2CO_3 + Hb' \rightleftharpoons HHb + HCO_3'$$

In vivo ist das Hämoglobin auf das intravasale Volumen begrenzt, das Hydrogenkarbonat verteilt sich aber über das gesamte extrazelluläre Volumen. Ist im Blut der Kohlendioxidpartialdruck erhöht, so läuft die oben angegebene Reaktion zwar wie in vitro ab, das entstandene HCO_3' verteilt sich aber über das gesamte extrazelluläre Volumen. Der Basenüberschuß fällt in vivo bei Anstieg des pCO_2, umgekehrt steigt er bei Abfall des pCO_2 an.

Bei nicht vollständiger Sauerstoffsättigung des Blutes bedarf der ermittelte Basenüberschuß der Korrektur [2.18].

$$BÜ_{\substack{\text{Blut}\\ \text{bei aktueller}\\ O_2\text{-Sättigung}}} = BÜ_{\substack{\text{Blut}\\ \text{bei 100\%iger}\\ O_2\text{-Sättigung}}} + 0{,}3\,[Hb]\,\frac{100 - O_2\text{-Sättigung}}{100} \qquad (2.60)$$

Dabei wird Hb in g/100 ml Blut und die O_2-Sättigung in % eingesetzt.

2.9. Säure-Basen-Nomogramme

Aufgabe der Säure-Basen-Nomogramme ist es, aus den meßtechnisch anfallenden Größen die weiteren noch für die klinische Diagnose wertvollen Parameter des Säure-Basen-Gleichgewichtes einfach (d.h. unter Umgehung von Berechnungen) zu ermitteln. Die Vielzahl der verwendeten Säure-Basen-Nomogramme ergibt sich aus dem jeweiligen Entwicklungsstand der Meßtechnik und der klinischen Säure-Basen-Theorie. Allen gemeinsam ist die Ausnutzung des Zusammenhanges der Grundgrößen des Säure-Basen-Gleichgewichtes im Blut, pH, pCO_2 und $a_{HCO_3'}$ über die Henderson-Hasselbalch-Gleichung (vgl. Abb. 2.9).

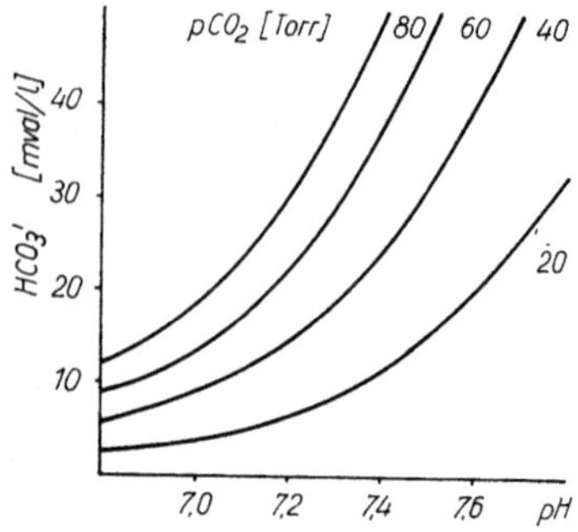

2.9 a

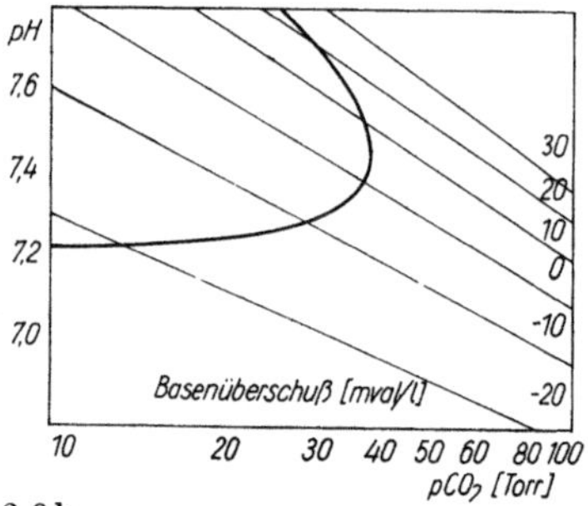

2.9 b

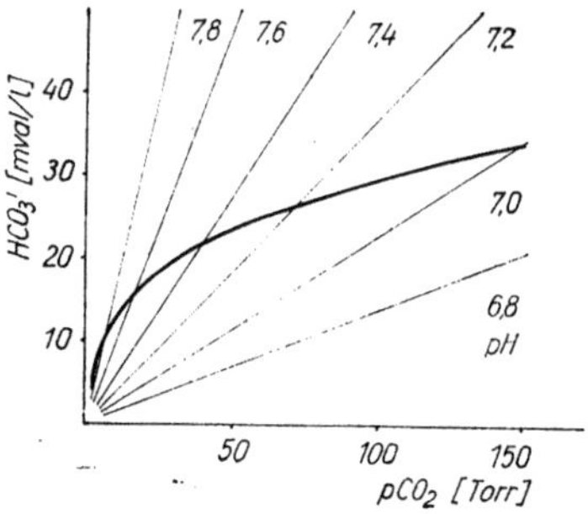

2.9 c

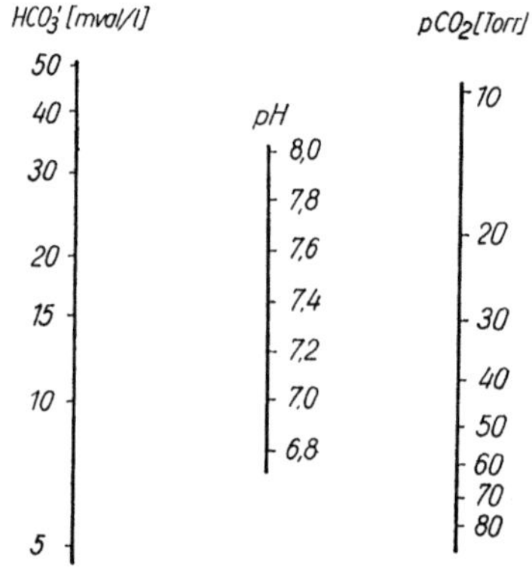

2.9 d

2.9 Darstellungsweise der Henderson-Hasselbalch-Gleichung
a) im $[HCO_3']/pH$-Koordinatensystem
b) im $pH/\log pCO_2$-Koordinatensystem
c) im $[HCO_3']/pCO_2$-Koordinatensystem
d) als Leiternomogramm

Neuere Nomogramme stammen von HEISLER und SCHORER [2.22] und SIGGAARD-ANDERSEN [2.23]. Ein Rechenstab wurde von SEVERINGHAUS [2.24] konstruiert.
Diese Nomogramme sind für das Laboratorium wichtige Hilfsmittel bei der Auswertung der Meßergebnisse. Verschiedentlich werden in solchen Nomogrammen bestimmten Störungen oder

Kompensationsmechanismen Felder zugeordnet. Diesen Nomogrammen wird ein höherer diagnostischer Wert unterstellt. Solche Zuordnungen sind irreführend, weil mit dieser Betrachtungsweise die Möglichkeit zur Tatsache erhoben wird und die klinischen Befunde zu Randbedingungen erklärt werden. Eine gewisse Bedeutung kann ihnen allenfalls als Lernhilfe eingeräumt werden.

2.10. Normalwerte

Über Messungen der Parameter des Säure-Basen-Gleichgewichtes liegen zahlreiche Berichte vor. Untersuchungen wurden an arteriellem, venösem und kapillarem Vollblut, an Plasma und speziellen Blutbestandteilen ausgeführt.
Unter besonderen Bedingungen (vgl. Abschn. 6.8.1.) ist das Kapillarblut für arterielles Vollblut repräsentativ [2.25, 2.26, 2.27]. Dies ist für die Anwendung der Mikroblut-*p*H-Messung nach der Astrup-Technik eine wesentliche Voraussetzung.

Tabelle 2.10 Arteriovenöse Differenz der Parameter des Säure-Basen-Gleichgewichtes [nach 2.29]

	Arterielles Blut	Zentralvenöses Blut
*p*H-Wert	7,39	7,34
*p*H-Wert-Differenz, häufigste	0,03 bis 0,04 > 0,05 (etwa 35 % der Fälle) < 0,03 (etwa 25 % der Fälle)	
pCO_2 [Torr]	32,2	41,4
pCO_2-Differenz, häufigste	6 bis 8 Torr > 8 Torr (etwa 50 % der Fälle) < 6 Torr (etwa 27 % der Fälle)	
Sauerstoffsättigung	92 %	60 bis 65 %
Sauerstoffsättigungs-differenz		17 bis 32 % (etwa 50 % der Fälle)
Bei einer mittleren Differenz	um 25 %	
Aktuelles HCO_3'		etwa 2,2 mval/l größer als im arteriellen Blut

Tabelle 2.11 Normalwerte für die Parameter des Säure-Basen-

Probanden	t [°C]	$pH \pm s$	$pCO_2 \pm s$ [Torr]	BÜ ± s [mval/l]	N
Nabelschnurarterie		7,21 (± 0,08)		− 9,9	19
Nabelschnurvene		7,32 (± 0,05)		− 6,4	12
Nabelschnurarterie		7,26 ± 0,07	52,7 ± 5,3	− 8,8 ± 4,2	20
Nabelschnurvene		7,35 ± 0,56	43,4 ± 4,1	− 8,0 ± 2,9	20
Neugeborene	37	7,408 ± 0,039	33,6 ± 3,4	44,7 ± 2,0[1]	—
Säuglinge 1–4 Wo.		7,377 ± 0,031	36,7 ± 4,08	—	12
Kinder 4– 6 Mon.		7,432 ± 0,033	32,1 ± 3,77	—	13
Kinder 2–24 Mon.	37	7,398 ± 0,027	33,8 ± 3,7	− 3,2 ± 1,7	
Kinder 2–12 Mon.			32,8 ± 2,05		10
Kinder 1–10 Wo.	38	7,379 ± 0,028	36,0 ± 4,0		24
Kinder 1–10 Wo.	37	7,394 ± 0,028	34,5 ± 4,0		24
Kinder 10–50 Wo.	38	7,400 ± 0,019	34,9 ± 4,0		47
Kinder 10–50 Wo.	37	7,415 ± 0,019	33,4 ± 4,0		47
Männer			43,9 ± 2,5		39
Frauen			40,1 ± 2,5		17
Männer			43,7 ± 3		15
Erwachsene		7,43 ± 0,02			
Erwachsene		7,40 ± 0,01			55
Erwachsene		7,37 ± 0,015	49,9 ± 1,9		50
Männer	38		48 ± 2,5		7
Frauen	38		44,5 ± 2,5		8
Erwachsene		7,42 ± 0,015			18
Erwachsene		7,41 ± 0,018			18
Erwachsene		7,42 ± 0,016	39,9 ± 1,8		50
Männer	38	7,39 ± 0,03	41,2 ± 2,5	− 0,1 ± 1,2	20
Frauen	38	7,398 ± 0,015	38,1 ± 1,2	− 1,0 ± 1,2	20
Männer		7,369 ± 0,008			184
Frauen		7,306 ± 0,010			116
Erwachsene		7,37 ± 0,006			300
Personen > 10 Jahre	38	7,40 ± 0,02	40,0 ± 2,0	0 ± 1,25	—
Erwachsene	38	7,424 ± 0,019			29
Erwachsene	38	7,39 ± 0,018			20
Männer	37	7,405 ± 0,015	39,3		20
Frauen	37	7,412 ± 0,011	36,4		20
Männer < 30 Jahre			39,3		24
Männer > 60 Jahre			38,8		11
Erwachsene			37,5 ± 2,2		15
Erwachsene		7,209 ± 0,017			9
Erwachsene		7,19 ± 0,022			—

Gleichgewichtes

Material	Bemerkungen	Literatur
	z. Z. der Geburt	ROOTH [2.36]
		ROOTH [2.36]
		WULF [2.55]
		WULF [2.55]
art. Kapill.-Blut	innerhalb	WINTERS [2.37]
art. Vollblut	24 h nach	RIEGEL [2.38]
art. Vollblut	der Geburt	RIEGEL [2.38]
art. Kapill.-Blut	Puffer-	WINTERS [2.37]
	basenwert	PROENCA [2.39]
art. Kapill.-Blut		BARTELS u. WENNER [2.54]
art. Kapill.-Blut		BARTELS u. WENNER [2.54]
art. Kapill.-Blut		BARTELS u. WENNER [2.54]
art. Kapill.-Blut		BARTELS u. WENNER [2.54]
kapill. Vollblut		SHOCK [2.40]
kapill. Vollblut		SHOCK [2.40]
art. Blut		BALDWIN [2.41]
art. Vollblut		BALDWIN [2.41]
ven. Plasma (brachial)		GAMBINO [2.42]
ven. Vollblut (jugular)		GIBBS [2.43]
ven. Blut		GAMBINO [2.42]
ven. Blut		GAMBINO [2.42]
art. Vollblut		D'ELSEAUX [2.44]
art. Vollblut		WILSON [2.45]
art. Vollblut		GIBBS [2.43]
kapill. Vollblut		SIGGAARD-ANDERSEN [2.18]
kapill. Vollblut		SIGGAARD-ANDERSEN [2.18]
ven. Plasma	kein signifikanter Unterschied	KINZELMEYER [2.46]
ven. Plasma		KINZELMEYER [2.46]
ven. Plasma		KINZELMEYER [2.46]
art. Kapill.-Blut		DAB 7 (D. L.) [2.47]
art. Vollblut		SCHWAB u. WISSER [2.48]
art. Plasma		PURCELL [2.49]
kapill. Vollblut		GAMBINO [2.50]
kapill. Vollblut		GAMBINO [2.50]
art. Blut	potentio-	ULMER [2.51]
art. Blut	metrische	ULMER [2.51]
art. Blut	Bestimmung	SCHWAB [2.52]
Erythrozyten		SOMMERKAMP [2.53]
Erythrozyten		PURCELL [2.49]

Die Differenz zwischen arteriellem und venösem Blut hängt vom Blutdurchfluß und vom Stoffwechsel der durchströmten Gewebsregion ab. Es wurde vielfach diskutiert, ob nicht venöses Blut unter Berücksichtigung der arteriovenösen Differenz zur Charakterisierung des Säure-Basen-Gleichgewichtes verwendet werden kann [2.28].
Untersuchungen zeigten jedoch, daß die unter Ruhebedingungen zu messende [2.29] arteriovenöse Differenz bei Abweichungen des Säure-Basen-Gleichgewichtes vom Normalbereich unvorhersehbar verändert ist (Tab. 2.10). Der Basenüberschuß läßt sich nach Oxygenieren von venösem Blut in vitro bestimmen. Er ist dem aus arteriellem Blut praktisch gleich [2.9, 2.18, 2.30].
Die in der Literatur angegebenen Normalwerte sind zum Teil unterschiedlich und aufgrund verschiedener Arbeitstechniken und *p*H-Bezugsskalen (NBS-Puffer bzw. Hitchcock-Taylor-*p*H-Skale) in Verbindung mit den Schwierigkeiten bei der Auswahl *normaler* Probanden nicht vergleichbar. Allerdings stimmen die seit 1963 mit der Astrup-Methode erhaltenen Werte verschiedener Untersucher gut überein (Tab. 2.11). Wichtig ist bei Vergleichen die Berücksichtigung der Meßtemperatur (vgl. Tab. 2.12) [2.57]. Die Abbildung 2.10 zeigt ein Nomogramm, in dem auf der Basis des SIGGAARD-ANDERSEN-Nomogramms [2.23] für arterielles Blut der Normalbereich eingetragen ist.
Das Säure-Basen-Gleichgewicht ändert sich mit dem Alter. Bei Kindern findet man niedrigere *p*H-Werte und negative Basenüberschußwerte (vgl. Tab. 2.11), die sich mit zunehmendem Alter den Werten der Erwachsenen angleichen [2.31, 2.32, 2.33].
In der Gravidität ist das Säure-Basen-Gleichgewicht im Sinne

Tabelle 2.12 Abhängigkeit der Parameter des Säure-Basen-Gleichgewichtes von der Temperatur nach GAMBINO [2.50]

	38 °C	37 °C
NBS-Puffer für Blut	7,384	7,386
Männer Vollblut *p*H	7,390	7,405
Frauen Vollblut *p*H	7,389	7,412
Männer Vollblut pCO_2	41,2	39,3 [Torr]
Frauen Vollblut pCO_2	38,1	36,4 [Torr]
Männer Basenüberschuß	− 2,4 bis + 2,3	unverändert [mval/l]
Frauen Basenüberschuß	− 3,3 bis + 1,2	unverändert [mval/l]

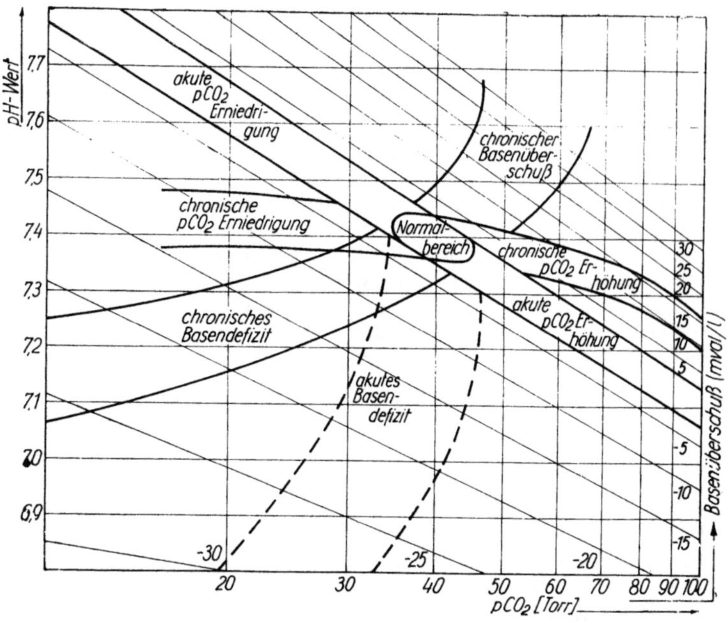

2.10 Säure-Basen-Diagramm nach SIGGAARD-ANDERSEN

einer teilkompensierten respiratorischen Alkalose verändert. Die Anpassung des Säure-Basen-Gleichgewichtes (veränderte Werte) an veränderte Lebensbedingungen (Gravidität, intrauterines Leben, Wachstum, Leben im Hochgebirge) ist als normal zu bewerten und von Störungen des Säure-Basen-Gleichgewichtes zu unterscheiden.

Über tageszeitliche Schwankungen der arteriellen Blutgase berichten HERTZ und SCHUMANN [2.35].

Geringe Effekte auf die Werte des Säure-Basen-Gleichgewichtes zeigt die Körperhaltung. Im Sitzen und Stehen findet man den pCO_2 etwa 3 bis 4 Torr niedriger als im Liegen. Die Nahrungsaufnahme zeigt einen wenig ausgeprägten Einfluß. Allerdings kann bei umfangreichen Mahlzeiten der Basenüberschuß um 3 bis 4 mval/l ansteigen [2.34].

Die übliche Art der Bewegung und Muskelarbeit verursacht keine Veränderung der Werte des Säure-Basen-Gleichgewichtes.

Tabelle 2.13 Säure-Basen-Gleichgewicht bei sportlichem Wettkampf nach KAUFMANN [2.56]

Wettkampfart	pH-Wert	$p\mathrm{CO_2}$ [Torr]	BÜ [mval/l]	
Normalwert	7,39 ± 0,02	41,3 ± 2,0	0,1 ± 0,9	20
Sportler, Ruhebeding.	7,39 ± 0,015	40,1 ± 2,65	− 0,2 ± 1,45	18
Sportler n. d. Einl.	7,57 ± 0,024	36,1 ± 2,10	− 3,6 ± 1,86	15
100-m-Läufer	7,25 ± 0,029	35,8 ± 5,20	− 11,7 ± 2,04	16
200-m-Läufer	7,20 ± 0,023	35,7 ± 6,85	− 14,0 ± 2,48	6
400-m-Läufer	7,13 ± 0,054	40,2 ± 7,49	− 17,3 ± 2,95	22
800-m-Läufer	7,09 ± 0,06	32,9 ± 4,27	− 20,4 ± 3,05	8
1000-m-Läufer	7,09 ± 0,061	39,6 ± 4,95	− 18,7 ± 2,38	19
1500-m-Läufer	7,12 ± 0,031	34,3 ± 6,23	− 18,3 ± 1,72	5
3000-m-Läufer	7,17 ± 0,081	33,8 ± 4,60	− 15,9 ± 3,78	8
5000-m-Läufer	7,23 ± 0,076	34,2 ± 4,16	− 12,6 ± 4,14	9

Bei akuter Belastung von Sportlern findet man Werte im Sinne einer Azidose, die vor allem durch den Laktatanfall bedingt sind. Die Tabelle 2.13 zeigt Werte, die an Läufern ermittelt wurden.
Der pH-Wert kann bei akuten Störungen von 6,8 bis 7,8 variieren. Die Toleranz des Organismus gegen solche extreme Veränderungen hängt in hohem Maße von der Dauer der Störung ab.
Bei chronischen Fällen findet man unter Einstellung eines neuen Gleichgewichtes engere Grenzen, etwa von 7,2 bis 7,5, die aber gegen weitere Störungen empfindlich sind.
Niedrige pH-Werte mißt man insbesondere beim diabetischen Koma, bei Hypoxie und in Fällen schweren Nierenversagens.
Hohe pH-Werte sieht man bei akuter Hyperventilation (künstliche Beatmung). Bei spontaner Hyperventilation werden pH-Werte von 7,6 kaum überschritten.
Der $p\mathrm{CO_2}$ variiert innerhalb der Grenzen von 10 bis 130 Torr. Niedrige Werte findet man bei Hyperventilation verschiedener Ursachen.
Hohe Werte treten bei schwerer chronischer Lungeninsuffizienz auf. Bei freiwilliger Apnoe kann der $p\mathrm{CO_2}$ auf über 90 mm Hg ansteigen.
Der Basenüberschuß kann zwischen +30 und −30 mval/l variieren. Niedrige Werte finden sich wieder beim diabetischen Koma und beim Nierenversagen bzw. bei muskulärer Aktivität. Hohe Werte zeigen sich bei protrahiertem Erbrechen.

3. Physiologie und Pathophysiologie des Säure-Basen-Gleichgewichtes

3.1. Existenzbedingungen des Organismus in atmosphärischer Umgebung

Das Leben des Säugetierorganismus in atmosphärischer Umgebung ist nur denkbar, wenn dieser Organismus eine wäßrige und eine gasförmige Phase besitzt, die miteinander in ständigem Stoffaustausch stehen. Während die wäßrige Phase bzw. ein wäßriges Milieu durch die Festlegung des Raumes die Grundbedingung allen Lebens darstellt, vermittelt die gasförmige Phase die Anpassung an die besonderen Umgebungsbedingungen.

Die kleinste morphologische und funktionelle Einheit des Organismus ist die Zelle. Sie enthält Organellen mit spezifischen Aufgaben, die sich in einem wäßrigen Milieu befinden. Eine semipermeable Membran grenzt die Zelle gegen die Umgebung ab und vermittelt den Stoffaustausch mit ihr. Die Funktion der Zellmembran besteht damit in der Sicherung des Lösungsraumes der Zelle. In ihrer ursprünglichen Form besitzt die Zelle als autonome Einheit alle Attribute des Lebens wie Wachstums, Fortpflanzung, Bewegung, Reizbeantwortung und Stoffwechsel. Mit der zunehmenden Differenzierung der Lebewesen ging eine Spezialisierung von Zellen auf bestimmte Funktionen einher, die die Freiheitsgrade der Zelle einschränkte. Infolgedessen sind die vorgenannten Funktionen nicht regelmäßig nachweisbar. Die allgemeinste Funktion – die Energiegewinnung mittels des aeroben, unter besonderen Bedingungen des anaeroben Stoffwechsels – wird von jeder Zelle erfüllt.

Der Stoffwechsel wird als beständiger Stoff- und Energieaustausch zwischen der Zelle und ihrer Umgebung unter den Bedingungen des offenen Systems in Form von Bilanzen bewältigt.

Kinetisch sind Bilanzen dadurch ausgezeichnet, daß die qualitative und quantitative Zusammensetzung der an der Stoffwechselkette beteiligten Reaktionspartner konstant und die zeitlichen Änderungen der Zwischenprodukte gleich Null sind. Der Stoffwechsel ist als Methode der Energiegewinnung die Grundbedingung des Lebens. Damit die Zelle die Funktion des Stoffwechsels erfüllen kann, müssen bestimmte Bedingungen eingehalten werden:

- Stoffaustausch mit der Umgebung (Sauerstoff, Nährstoffe, Stoffwechselendprodukte)
- Konstanz einiger für den Stoffwechsel wesentlicher Größen (Volumen, Osmolalität, *p*H-Wert, Temperatur u.a.).

Um diese unter Umständen einander entgegengerichteten Bedingungen zu verbinden, steht dem Organismus die Möglichkeit der Regelung zur Verfügung.
Die Konstanz des inneren und äußeren Milieus der Zelle wird durch die Konstanz

- des Volumens,
- der Osmolalität und
- des *p*H-Wertes

repräsentiert.
Die Funktion der Zelle ist noch von weiteren konstant zu haltenden Größen, z.B. der Temperatur, abhängig, die aber im Rahmen dieser Betrachtungen vernachlässigt werden sollen.
Die wichtigste Umgebungsbedingung der Zelle ist ein wäßriges Milieu, dessen Volumen innerhalb eines gewissen Bereichs konstant sein muß. Die Volumenkonstanz ist erforderlich, um einerseits die Kommunikation der Zellen (gefährdet bei Überschreitung) und andererseits ihre Versorgung (gefährdet bei Unterschreitung) zu gewährleisten. Dieses volumenkonstante wäßrige Milieu ist bei einem in atmosphärischer Umgebung lebenden Organismus nur zu realisieren, wenn ein definiertes Volumen von einer Hülle eingeschlossen ist, die es gegenüber der äußeren Umwelt vor Abgabe schützt (Haut). Wasser wird im Organismus, wenn man von der im Vergleich zum Bestand verhältnismäßig geringen Menge Oxydationswasser aus dem Stoffwechsel absieht, nirgends gewonnen. Das bedeutet, daß die Erhaltung des Stoffwechsels an die Zufuhr von außen sowie

an die Abgabe nach außen (Durchsatz durch den Organismus) gebunden ist. Die beiden Forderungen Volumendurchsatz und Volumenkonstanz können nur erfüllt werden, wenn das Volumen eine geregelte Größe ist.

Die Erhaltung des Zellvolumens setzt außer der Konstanz des umgebenden Wasservolumens die Konstanz der Osmolalität als weitere Größe voraus. Wäre die Umgebungsflüssigkeit gegenüber der Zellflüssigkeit wechselnd hyper- bzw. hypoton, müßte die Zelle aufgrund ihrer semipermeablen Membran ständig ihr Volumen und infolgedessen ihre Osmolalität ändern, was zwangsläufig durch Veränderung der Strukturabstände in der Zelle zur Behinderung ihrer Funktion führte. Unter Normalbedingungen wird die Osmolalität der Körperflüssigkeiten zu etwa 80 % durch die Natriumkonzentration repräsentiert, d.h., daß der Organismus die Möglichkeit besitzt, die Osmolalität mit Hilfe des Natriums zu regeln. Natrium wird ebenso wie das Wasser nicht im Körper gebildet, so daß er auf Zufuhr und Abgabe (Durchsatz durch die Körperflüssigkeit) angewiesen ist. Gleichzeitig ist von Bedeutung, daß die Osmolalität noch von einigen anderen Stoffen, deren Konzentration unter den Bedingungen des Stoffwechsels variabel ist, beeinflußt werden kann. Aus dieser ständigen Beeinflußbarkeit und der variablen Natriumzufuhr einerseits, der erforderlichen Konstanz andererseits, ergibt sich die Notwendigkeit zur Regelung der Osmolalität.

Die dritte wesentliche Determinante für die Funktion der Zelle, speziell für den Dissoziationszustand der Eiweiße und damit die Enzymfunktion, ist die Reaktion der Körperflüssigkeiten. Die Abhängigkeit der enzymatischen Wirksamkeit vom *p*H-Wert hat mehrere Gründe:

- An den *p*H-Extremen erleidet das Enzym irreversible Veränderungen seiner Struktur.
- An den Flanken des *p*H-Optimums dissoziieren möglicherweise Koenzyme oder prosthetische Gruppen ab.
- *p*H-Veränderungen haben Veränderungen der Ionisation bzw. der Dissoziation des Substrats zur Folge.
- Die Bindungsaffinität zwischen Enzym und Substrat wird infolge Veränderungen der Ionisation funktioneller Gruppen am Enzym und der Konformation des Enzyms durch *p*H-Änderungen beeinflußt.

Die Reaktion der Körperflüssigkeiten wird fortlaufend durch die Funktion der Zelle selbst, d.h. durch die Bildung flüchtiger und nichtflüchtiger saurer Stoffwechselendprodukte, gestört. Aus dieser fortlaufenden Störung einerseits und der erforderlichen Konstanz andererseits, ergibt sich der Zwang zur Regelung des *p*H-Wertes.

Die Umgebungsflüssigkeit der Zelle, die bezüglich Volumen, Osmolalität und *p*H-Wert konstant gehalten werden muß, ist die sich zwischen den Zellen bewegende interstitielle Flüssigkeit, die den größten Anteil des Extrazellulärvolumens darstellt.

Während die Notwendigkeit der wäßrigen Phase des Organismus letztlich durch die Stoffwechselabläufe selbst gegeben ist, ist die Existenz der Gasphase dadurch begründet, daß der für den aeroben Stoffwechsel benötigte Sauerstoff aus der Atmosphäre entnommen und das im Stoffwechsel gebildete CO_2 dorthin abgegeben werden muß. Die Gasphase wird durch das in den Lungen eingeschlossene Luftvolumen repräsentiert. Die Lungen bestehen aus zwei Funktionseinheiten, dem Totraum, der eine maßgebliche Rolle für die CO_2-Elimination spielt, und einer großen diffusiblen Oberfläche, die sich in unmittelbarem Kontakt mit der Flüssigphase des Organismus befindet und entsprechend den Partialdruckverhältnissen, der Diffusibilität und der Löslichkeit den Gasaustausch zwischen beiden Phasen gestattet. Durch die Atemmechanik wird das eingeschlossene Luftvolumen ständig zwischen Atmosphäre und der Grenze zur Flüssigphase hin und her (nicht hindurch!) bewegt. Seine fortlaufende Erneuerung durch atmosphärische Luft sowie der ständige Kontakt mit der Flüssigphase werden dadurch gewährleistet.

Die Zelle höher differenzierter Organismen sind zu funktionellen Verbänden mit spezifischen Aufgaben zusammengeschlossen und haben aufgrund dieser Entwicklung keinen unmittelbaren Kontakt zur Außenwelt mehr. Da die Außenwelt aber als Energielieferant und als Aufnahmeort der Stoffwechselendprodukte für das Lebewesen unentbehrlich ist, mußten gleichzeitig Kontaktstellen entwickelt werden, über die entsprechend den Bedürfnissen die Aufnahme bzw. Abgabe flüchtiger und nichtflüchtiger Stoffe geregelt werden kann. Diese Kontaktstellen sind für die gasförmige Phase die Lunge, für die wäßrige Phase die Niere. Um die Zelle bzw. die sie umgebende interstitielle

Flüssigkeit mit diesen Kontaktstellen zu verbinden, bedarf es eines Transportsystems. Dieses integrierende Transportsystem ist mit dem Zirkulationssystem gegeben.

Der Transport von Gasen in Flüssigkeiten ist prinzipiell auf zwei Arten denkbar, einmal in physikalischer Lösung, zum anderen in chemischer Bindung. Die chemische Bindung muß reversibel sein, um immer wieder benutzt werden zu können.

Der Sauerstofftransport in physikalischer Lösung ist trotz des relativ hohen Sauerstoffgehalts der Atmosphärenluft und wegen seines kleinen Löslichkeitskoeffizienten im Plasma nicht geeignet, den Bedarf höher entwickelter Tiere zu decken.

Wesentlich effektiver ist die reversible chemische Bindung des Sauerstoffs an Atmungspigmente wie Hämozyanin, Hämoerythrin, Chlorokruorin und Hämoglobin (vgl. Abschn. 2.6.2.). Nur auf diese Weise ist es möglich, den Sauerstoffbedarf entsprechend dem unterschiedlichen Verbrauch zu sichern. Das am weitesten verbreitete Atmungspigment ist das Hämoglobin. Bei seinem Molekulargewicht von 64500 war der Einschluß in eine Hülle (Erythrozyt) erforderlich, um die Filtration durch die Niere sowie den Austritt aus dem Intravasalraum zu verhindern.

Die Abhängigkeit der Sauerstoffsättigung des Hämoglobins von pO_2 wird durch die Sauerstoffdissoziationskurve beschrieben. Für das menschliche Blut und das der meisten Säuger verläuft sie S-förmig gekrümmt (vgl. Abb. 2.3 bzw. 3.2) und nimmt damit eine Mittelstellung zwischen dem nahezu rechtwinkligen Verlauf der Kurve z.B. der Krebse und der annähernd linearen Kurve der Vögel ein. Der Teil der Sauerstoffdissoziationskurve, der der Sauerstoffaufnahme in der Lunge zugeordnet ist, verläuft im pO_2-Bereich zwischen etwa 80 und 100 Torr fast linear. Das bedeutet, daß Ventilationsänderungen in einem relativ großen Bereich für die Sättigung des Hämoglobins mit Sauerstoff keine Rolle spielen. Diese Tatsache ist für die Kohlendioxidelimination von großer Bedeutung. Wie noch gezeigt werden wird, hat die Atmung Stellgliedfunktion für die pH-Regelung, dabei wird die Konstanz des pH-Wertes durch Veränderungen der Kohlendioxidabgabe, d.h. durch Veränderungen der Ventilation, erreicht. Durch den nahezu horizontalen Verlauf der Sauerstoffdissoziationskurve in den erwähnten Sauerstoffdruckbereichen wird einmal die komplette Sättigung des Hämoglobins und zum anderen eine relativ große Variabilität der Atmung im

Interesse der pH-Konstanz ermöglicht. In niedrigen Partialdruckbereichen verläuft die Sauerstoffdissoziationskurve des Hämoglobins sehr steil, d. h., daß in diesen Bereichen, die etwa den pO_2-Werten der Gewebe entsprechen, der Sauerstoff leicht abgegeben wird und von der Zelle aufgenommen werden kann.
Kohlendioxid ist in Flüssigkeiten wesentlich besser löslich als Sauerstoff, so daß ein Teil in physikalischer Lösung transportiert werden könnte. Das Problem des Kohlendioxidtransports liegt darin, daß Kohlendioxid sich mit Wasser zu Kohlensäure verbindet, die zu einem Teil in Wasserstoffionen und Hydrogenkarbonationen dissoziiert. Die Reaktion stellt eine ernsthafte Gefährdung der pH-Wert-Konstanz der Körperflüssigkeiten dar. Der Transport an physikalisch gelöstem Kohlendioxid muß also begrenzt sein. Für den isohydrischen Transport sind andere Mechanismen notwendig.
Die zweite Möglichkeit des Kohlendioxidtransports besteht in der Bindung an Proteine in Form von Karbaminoverbindungen. Diese beiden genannten Transportformen genügen bei Lebewesen mit geringem Stoffwechsel, beispielsweise bei Tieren mit seewasserähnlichem Blut.
Alle Tiere mit höherer Stoffwechselaktivität benötigen eine Kohlendioxidtransportkapazität, die der des Sauerstoffs etwa vergleichbar ist, da Kohlendioxid ungefähr in dem gleichen Maß anfällt wie Sauerstoff verbraucht wird. Die dritte Transportform des Kohlendioxids besteht im Transport als Hydrogenkarbonat, dabei kann das zugehörige Wasserstoffion mit den Proteinen des Blutes und in geringer Menge mit dem Phosphat transportiert werden. Von den erwähnten Proteinen spielt das Hämoglobin die wesentlichste Rolle, einmal wegen seiner im Vergleich zu den anderen Eiweißen größeren Konzentration, zum anderen wegen des hohen Karboanhydrasegehaltes der Erythrozyten. Die Bindung der Wasserstoffionen geht in folgender Weise vor sich: Kohlendioxid diffundiert größtenteils in die Erythrozyten und wird dort mit Hilfe der Karboanhydrase sehr schnell zu Kohlensäure umgesetzt. Die nach der Dissoziation entstandenen Wasserstoffionen werden vom negativ geladenen Hämoglobinmolekül gebunden, während Hydrogenkarbonationen sich im Erythrozyten anreichern, um dann in das Plasma zu diffundieren. Die Wahrung der Elektroneutralität des Plasmas wie des Erythrozyten wird durch die Aufnahme

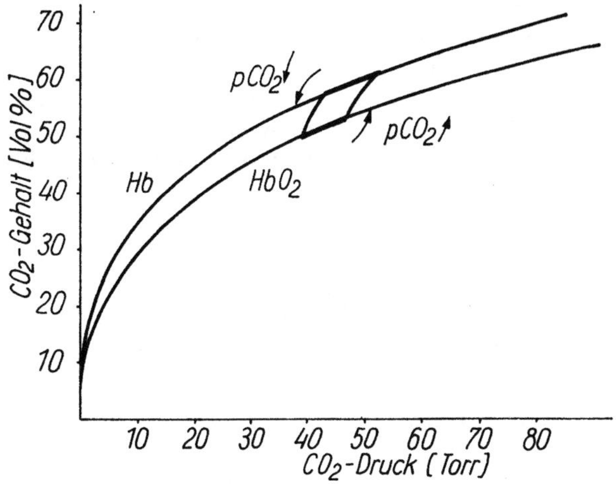

3.1 Die CO_2-Sättigungskurven für Hämoglobin (Hb) und Oxyhämoglobin (HbO_2)

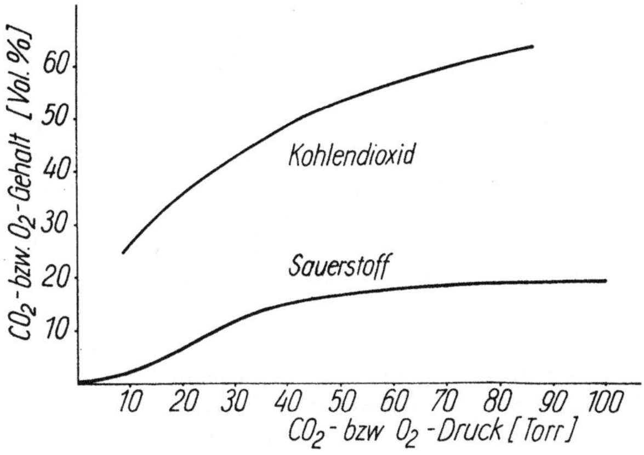

3.2 CO_2- und O_2-Dissoziationskurve mit den funktionell bedeutsamen Unterschieden – annähernd linear bei der CO_2-Kurve und S-förmig bei der O_2-Kurve

von Chlorid aus dem Extrazellulärvolumen in die Erythrozyten im Austausch gegen Hydrogenkarbonat gewährleistet (vgl. Abschnitt 2.6.2. bzw. Abb. 2.4, 3.1, 3.2).
Der Kohlendioxidtransport des menschlichen Blutes entfällt zu etwa 5% auf das physikalisch gelöste Kohlendioxid, zu etwa 10% auf die Karbaminoverbindungen und zu ungefähr 80 bis 85% auf das Hämoglobin.

3.2. Prinzipien der Regelung in biologischen Systemen

3.2.1. Notwendigkeit der Regelung

Unter einem biologischen System sind die Mengen von Stoffen, Reaktionen und Strukturen zu verstehen, deren Beziehungen untereinander die Ebene der Qualifikation des Systems bestimmen.
Im System unserer Welt stellt der Organismus ein Teilsystem dar, wie auch er in weitere Teilsysteme zergliedert werden kann. Innerhalb eines Systems höherer Ordnung kann man die Teilsysteme als offene Systeme betrachten, die sowohl Energie als auch Stoffe mit ihrer Umgebung austauschen können. Im lebenden Organismus läuft eine Vielzahl von chemischen Prozessen ab. Ein Teil der Prozesse vollzieht sich freiwillig (die Änderung der freien Enthalpie wird negativ), der andere Teil erzwungen (die Änderung der freien Enthalpie wird positiv). Für den Stoff- und Energieaustausch mit der Umgebung und für die Stoffwechselvorgänge im Inneren des Organismus wird die Bedingung erfüllt: die Summe der Änderung der freien Enthalpie ist negativ.
Der Fluß von Materie und Energie durch den Organismus bedingt eine Bilanzierung zwischen dem Organismus und seiner Umgebung. Die Forderung, für eine Größe Durchsatz und Konstanz im Organismus zu koordinieren, kann nur dann sinnvoll sein, wenn diese Größe stabilisiert wird. An der Stabilisierung dieser Bilanz sind eine große Zahl chemischer, physiko-chemischer und physikalischer Größen, zumeist in gegenseitiger Ab-

hängigkeit, beteiligt. Ein großer Teil dieser Größen liegt mit Durchfluß, Bilanz und Toleranz in solchen Bereichen, daß sie die Funktion der Zellen nicht stören. Sie werden unter den allgemeinen „Ablaufbedingungen" mit verarbeitet.

Für einen kleineren Teil von Größen zeigt die Zelle eine enge Toleranz, deren Überschreiten zu bedrohlichen Funktionsstörungen der Zelle führt. An dieser Stelle liegt die Existenzforderung der Zelle begründet, derartige Größen im tolerablen Bereich zu stabilisieren, d.h. zu regeln.

Unter den Bedingungen des Einzellers in einer genügend großen und konstanten Umwelt („Urmeer") ist die Stabilität des Systems durch seine Größe im Verhältnis zum Umsatz je Zeit gegeben.

Im höher entwickelten Organismus hat das Extrazellulärvolumen als nächste Umgebung der Zelle die Rolle des „Urmeers" zu erfüllen.

Der zeitlich variable Fluß von Materie und Energie in der Richtung: Umgebung → Extrazellulärraum und Extrazellulärraum → Umgebung erfordert zur Sicherung der Kontinuität der Funktion einen zeitlich gleichmäßigen Fluß in der Richtung Extrazellulärraum → Intrazellulärraum → Extrazellulärraum.

Die Konstanthaltung der Bedingungen wird nicht durch Puffer allein erreicht, weil deren Kapazität begrenzt ist, sondern durch Regelung.

Die Regelung der entscheidenden Größen setzt jedoch an den Komponenten der Puffer an.

Das Prinzip der Pufferung besteht in der Überführung einer linearen Abhängigkeit in eine Funktion mit Plateau. Dabei ist die unabhängige Größe variabel, ohne daß sich die abhängige Größe wesentlich verändert (Abb. 3.3).

Ein System kann für y als Puffer funktionieren, wenn:

1. ein Gleichgewicht $xy \rightleftharpoons x + y$ existiert
2. die Dissoziationskonstante K (vgl. Abschnitt 2.4.) genügend klein ist und
3. x im Überschuß vorliegt.

Solche Systeme kennen wir in wäßrigen Lösungen, z.B. als Säure-Basen-Puffer. Sie bestehen aus einer schwachen, d.h. wenig dissoziierten Säure xy (z.B. H_2CO_3) und einem Salz dieser Säure (z.B. $NaHCO_3$, vollständig dissoziiert, $x = HCO_3'$). Dieses Puffersystem kann unter bestimmten Bedingungen die

Konzentration von Wasserstoffionen (y) im Rahmen seiner Kapazität gegen Angriffe stabilisieren.
Im Organismus ist der Puffer Kohlensäure/Hydrogenkarbonat aufgrund seines pK von 6,1 beim Blut-pH von 7,4 praktisch wirkungslos. Er erlangt jedoch eine führende Bedeutung für

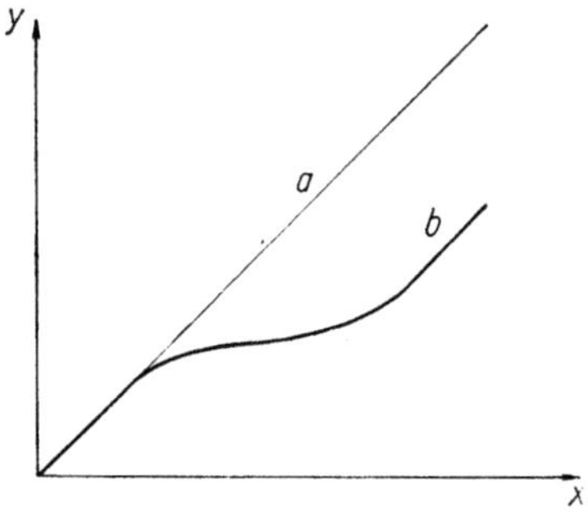

3.3 Die lineare Abhängigkeit der Funktion $y = f(x)$ läßt sich in eine solche mit Plateau überführen

die Pufferung von Säuren, die stärker als Kohlensäure sind, durch die Verknüpfung der Kohlensäurekonzentration mit dem flüchtigen Kohlendioxid, dessen Konzentration vom Organismus über die Atmung geregelt wird.
Im Gegensatz zur technischen Regelung sind uns die Strukturen zur Realisierung des biologischen Regelkreises nicht oder nur sehr ungenügend bekannt, so daß uns nur die Gesamtcharakteristik des Regelkreises – und diese auch nur bedingt – zugänglich ist. Hinzu kommt, daß die biologischen Regelkreise in ein höchst kompliziertes System – den Organismus – eingebettet sind, das macht weitere koordinative Verflechtungen erforderlich, weil keine Einzelheit ohne Rückwirkung auf die Gesamtheit verändert werden kann. Trotzdem kann man über die Strategie der biologischen Entwicklung folgende Schlußfolgerungen ableiten, obwohl durch das phylogenetische Hintereinander diese Aspekte verwischt sein können:

1. Es liegt im Interesse des biologischen Systems, die Zahl der geregelten Größen so gering wie möglich zu halten.
2. Es ist zweckmäßig, nur übergeordnete Größen (Verhältnisgrößen, zusammenfassende Größen) für die Regelung zu benutzen, und, da deren direkte Regelung nicht möglich ist,

die zu regelnde Größe über weniger kritische Partner – mit größerer Toleranz! – zu verändern.
So wird der *p*H-Wert über das Verhältnis der Konzentrationen von Hydrogenkarbonat und Kohlendioxid geregelt.

3. Auf diese Weise werden jeweils mindestens zwei Größen im System kontrolliert verändert; das hat neben der Sicherung einer übergeordneten Größe zwei Vorteile:
   - die Berücksichtigung der Stabilität des Gesamtsystems und
   - die Verwirklichung eines hierarchischen Prinzips mit der Kenngröße „Toleranz" der beteiligten Größen.

3.2.2. Grundlagen der Regelung

Unter Regelung versteht man allgemein die fortlaufende Erhaltung oder Wiederherstellung einer ständigen Störungen ausgesetzten Größe oder Richtung mit Hilfe einer speziellen und zweckmäßigen Einrichtung.
Soll hierbei eine Größe „gehalten" werden, so nennt man die Regelung Halteregelung.
Hat eine „Richtung" einem beweglichen Ziel zu folgen, so handelt es sich um Folgeregelung.
Die Regelung des *p*H-Wertes ist eine Halteregelung. Das Ziel der Regelung ist die Beseitigung der Sollwertabweichungen der zu regelnden Größe, nicht der Störungsursache. Die Störung wird in einer „Kreiskausalität" zur Ursache für ihre eigene Beseitigung gemacht. Man bezeichnet diesen Vorgang auch als „negative Rückkoppelung"; die Wirkung des Regelkreises muß der Störung entgegengesetzt sein.
Die Regelung ist für die Existenz biologischer Systeme von fundamentaler Bedeutung.

Struktur des Regelkreises

Ein Regelkreis beinhaltet:

- Meßwertgewinnung über eine bestimmte Größe in einem bestimmten Raum
- Informationsverarbeitung (Vergleich mit vorgegebenen Werten)

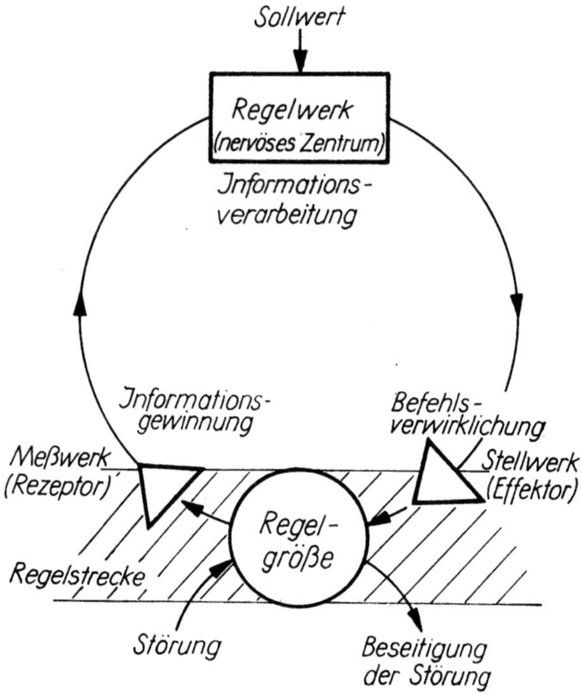

3.4 Schematische Darstellung eines Regelkreises (modifiziert nach DRISCHEL)

- *Befehlsausgabe* mit direkter Einflußnahme auf die zu regelnde Größe sowie
- fortlaufende Kontrolle der Rückwirkung mit stetigem Informationsfluß durch den Regelkreis.

Die Glieder und Begriffe des Regelkreises sind (Abb. 3.4):

1. Das Meßwerk (Rezeptor) – welches die betreffende Größe kontinuierlich mißt und darüber Informationen an das
2. Regelwerk (nervöses Zentrum) weitergibt. Im Regelwerk liegt der
3. Sollwert der zu regelnden Größe vor und kann mit den eingehenden Meßinformationen verglichen werden. Aus der

Differenzbildung zwischen Soll- und Istwert wird die Information (Befehl) für das

4. Stellglied (Effektor) gewonnen, das mit der Möglichkeit ausgestattet ist, die betreffende Größe dem Befehl entsprechend zu verändern. Dieser noch nicht geschlossene Kreis wird durch die
5. Regelstrecke, den „Arbeitsraum" des Regelkreises, der zwischen Stellwerk und Meßwerk liegt und in dem sich die „zu regelnde Größe", die
6. Regelgröße, befindet, geschlossen. Die Regelgröße ist
7. Störungen ausgesetzt, die beseitigt werden müssen.

Dynamik des Regelkreises

Gegenüber der Reflexbogenbetrachtungsweise mit jeweils einmaligem – wenn auch beliebig häufigem – Wirkungsablauf, wurde mit dem Konzept des Regelkreises die diskontinuierliche Arbeitsweise des Reflexbogens in eine zeitlich kontinuierliche Dynamik überführt. Der Bogen wurde über die zu regelnde Größe zum Kreis, auch „Kreiskausalität", geschlossen. Eine Größe kann lückenlos über die Zeit kontrolliert und bedarfsweise korrigiert werden, dabei ist die Wirkung des Regeleingriffes in die Kontrolle eingeschlossen.
Aus dieser Tatsache ergibt sich das dynamische Verhalten eines Regelkreises. Eine aus dem Sollbereich ausgelenkte Regelgröße wird in einer für den jeweiligen Regelkreis und dessen Qualität charakteristischen Weise wieder an den Sollwert herangeführt. Dies kann in einer gedämpften Schwingung um den Sollwert

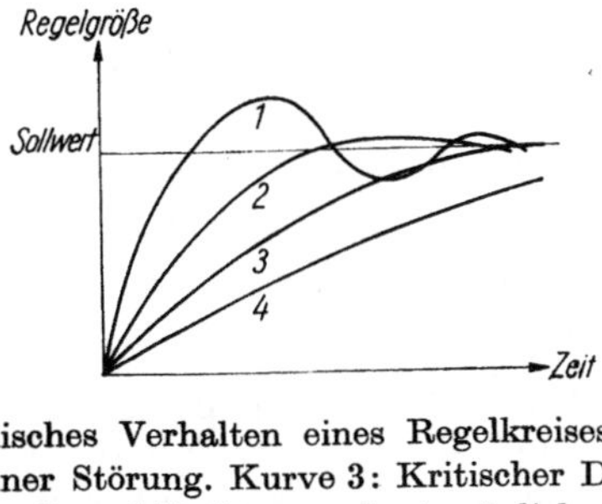

3.5 Dynamisches Verhalten eines Regelkreises (Einschwingvorgänge) nach einer Störung. Kurve 3: Kritischer Dämpfungsgrad = aperiodischer Grenzfall einer raschest möglichen Annäherung des Sollwertes ohne Überschwingungen

oder in einer mehr oder weniger schnellen Annäherung an diesen, ohne den Sollwert zur anderen Seite hin zu überschreiten, erfolgen. Prinzipiell ist ein Regelkreis ein schwingungsfähiges Gebilde, dessen Charakteristik sich aus den Merkmalen des Meß-, Regel- und Stellwerkes zusammensetzt. Selbstverständlich hat jedes Regelsystem seine Grenzen und kann in seiner Leistung überzogen werden (Abb. 3.5).

3.2.3. *p*H-Wert-Regelung durch die Atmung

Der *p*H-Wert ist eine biologisch bedeutende Größe, die eine große Zahl von Vorgängen und Aktivitäten beeinflussen kann. Die hohe Stabilisierung dieses Wertes läßt seine Bedeutung für den Organismus hervortreten.
Der *p*H-Wert der Extrazellulärflüssigkeit ist das Ergebnis der Dissoziation von Säuren und Basen. Er kann nicht direkt verändert werden, weil es das Gesetz der Elektroneutralität verbietet, dem System allein Wasserstoffionen zu entnehmen.
Für die *p*H-Wert-Regelung bieten sich die Partner des Kohlensäure-Hydrogenkarbonat-Systems an, das mit dem *p*H-Wert in einer definierten mathematischen Beziehung, der Henderson-Hasselbalch-Gleichung, steht.

Ranganordnung der Einflußgrößen auf den *p*H-Wert

Aus dem normalen oder pathologischen Stoffwechsel fallen eine Reihe *p*H-wirksamer Endprodukte an, die den *p*H-Wert ständig oder ausnahmsweise gefährden oder durch veränderte Bedingungen des Organismus den Gefährdungsgrad schon bei normalem Anfall erhöhen bzw. die Arbeit der Organsysteme behindern. In der Rangordnung ihrer praktischen Bedeutung sind dies:

- der Kohlendioxidanfall (als Kohlensäure)
- der Anfall von Säurerestanionen und
- die Verkleinerung des Lösungsraumes.

Es muß bemerkt werden, daß unter entsprechenden Bedingungen jede Gruppe an einer Katastrophe führend beteiligt sein kann und daß ein gemeinsames Auftreten möglich ist.
Der Lösungsraum hat Einfluß auf die Konzentration der ge-

nannten Endprodukte, weil sich die Konzentration aus Menge je Volumeneinheit errechnet, ganz abgesehen davon, daß eine Volumenverminderung das Zirkulationssystem und dadurch sowohl die Atemfunktion als auch die Nierenfunktion behindert und die Zelle vom Zirkulationssystem trennt.

Biologische Bedingungen

Der höchst komplizierte Kompromiß des Gesamtorganismus kann nur unter Berücksichtigung aller betroffenen Naturgesetze sowie biologischer Forderungen mit Gesetzescharakter realisiert werden. Die biologischen und naturgesetzlichen Bedingungen für das *p*H-Gleichgewicht sind:

- Die Teilnehmer sind der Elektroneutralität verpflichtet, d.h., daß die Zahl der Anionen und Kationen im Lösungsraum gleich sein muß.
- Die Osmolalität des Extrazellulärraumes muß gewahrt bleiben. Die Osmolalität ist eine elementare biologische Größe und bedarf der Regelung. Diese realisiert die Niere mit Hilfe des Natriumions.
- Alle Säuren beeinflussen das *p*H-Gleichgewicht.
- Die Kohlensäure ist als einziger Teilnehmer am *p*H-Gleichgewicht flüchtig, weil ihr Säureanhydrid ein Gas ist, das den Lösungsraum ohne Störung der Elektroneutralität und nahezu ohne Einfluß auf die Osmolalität verlassen kann.
- Der Kohlendioxidanfall ist mit der Intensität des Stoffwechsels korreliert und unterliegt je nach energetischen Erfordernissen großen Schwankungen. Der Kohlendioxidanfall ist groß, so daß die Störung durch Überfluß erfolgt; einen Kohlendioxidmangel gibt es nicht.
- Die Entfernung oder Erhaltung nichtflüchtiger Teilnehmer kann nur durch ein Organ erfolgen, das in der flüssigen Phase arbeitet. Dieser Vorgang wird von der Niere bewältigt.

Stellgliedfunktion der Atmung

Die Atmung – besser „alveoläre Ventilation“ – dient der Sauerstoffaufnahme sowie der Kohlendioxidabgabe und wird den Bedürfnissen des Organismus angepaßt. Die Sauerstoffbindungskurve des Hämoglobins läßt, wie bereits dargelegt, größere Partialdruckdifferenzen des Sauerstoffes zu, ohne daß die Sauerstoffversorgung gefährdet wird. Die Kohlendioxidabgabe ist eine Notwendigkeit, die der Beseitigung des Stoffwechselendprodukts dient. Die Blockierung der Kohlendioxidabgabe kann in kurzer Zeit die Puffer *überrennen* und die lebenswichtige Größe *p*H aus dem Toleranzbereich bringen.

Der Verlauf der Sauerstoffdissoziationskurve sichert die Sauerstoffsättigung in einem weiten Bereich und gibt der Atemgröße Toleranzen, den Kohlendioxidauswurf zu verändern und auf diese Weise die Atmung als Stellglied für die *p*H-Wert-Regelung zu benutzen.

Aus der Veränderlichkeit der Kohlendioxidabgabe könnte der Schluß gezogen werden, daß die Regulation der Kohlendioxidkonstanz dient. Man könnte annehmen, daß bei der mathematischen Beziehung zwischen Kohlendioxid und *p*H-Wert, die sich in der *p*H-Gleichung nach HENDERSON und HASSELBALCH ausdrückt, die (Streit-) Frage nichtig sein könnte, welche der beiden Größen, Kohlendioxid oder *p*H-Wert, geregelt würde. Es ist nicht schwer, die Henderson-Hasselbalch-Gleichung nach CO_2 umzustellen. Die biologische Wirklichkeit toleriert diese Umstellung jedoch nicht. Daran ändern auch die mathematischen Regelmodelle für eine CO_2-Regelung nichts. In solchen Fällen dient die Mathematik der Wahrheitsfindung nicht.

Letztlich ist diese Frage nicht entschieden, wir aber meinen, daß das Regelziel dem *p*H-Wert gilt, dazu erfüllt das Kohlendioxid die Stellgliedfunktion. Bei einer metabolischen *p*H-Wert-Änderung bestätigt das klinische Phänomen diese Vorstellung in jedem Fall, weil der CO_2-*Normbereich* verlassen wird, um den *p*H-Wert in seiner Toleranzgrenze zu halten (siehe Pylorusstenose, Diabetes mellitus). Für die bessere Vorstellung dieser Vorgänge ist es zweckmäßig, ein Modell als *Denkhilfe* zu benutzen.

Waagemodell nach BAUR

Zur Veranschaulichung der Henderson-Hasselbalch-Gleichung hat BAUR das Waagemodell (*p*H-Waage) inauguriert. Die Partner der *p*H-Gleichung werden, da die Größen sich wie 1 : 20 verhalten, auf einer Balkenwaage mit ungleichen Armen (20 : 1) untergebracht, um die „Wirkungsgleichheit" darzustellen (Abb. 3.6). Die Skale ist als *p*H-Skale ausgebildet und kann durch weitere Teilungen (z. B. Verhältnisse, Logarithmen) ergänzt werden.

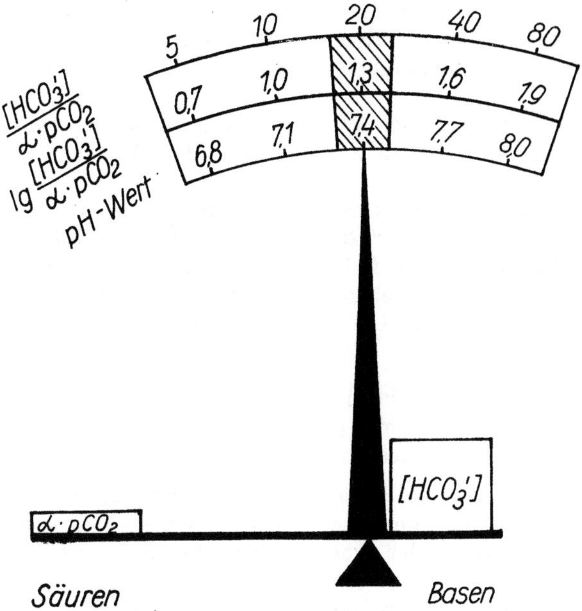

$$pH = pK + lg \frac{Basen}{Säuren}$$

$$pH = pK + lg \frac{[HCO_3']}{\alpha \cdot pCO_2}$$

$$7{,}4 = 6{,}1 + lg \frac{23{,}8\,mval/l}{1{,}2\,mval/l}$$

3.6 Modifizierte Darstellung der *p*H-Waage nach H. BAUR

Erkenntnismöglichkeiten am Modell

Jedes Modell soll einen möglichst großen, vielleicht sogar voraussagenden Erkenntnisgewinn bringen.
Das Modell einer Waage läßt zunächst folgende grundsätzliche Feststellungen zu:

- Ungleichgewicht kann durch Veränderung der Belastung nur einer der beiden Waagschalen beseitigt werden. Es besteht theoretisch keine Abhängigkeit von der absoluten Belastung.
- Der Unterschied der beiden Waagschalen an unserem Modell besteht darin, daß die zu transportierenden Mengen verschieden sind (1 : 20).
- Mit weniger Aufwand ist das Gleichgewicht an der Waagschale des *langen Armes* herzustellen. Hierdurch ergibt sich bei großer Wirkung kleiner Mengen die *Ökonomie der Dezimalwaage*. Bei strenger Betrachtung handelt es sich dabei nicht um *Gleichgewicht*, sondern um Produktengleichheit aus Masse mal Hebelarm.

Unter Beachtung der speziellen Belange dieses Modells und unter Einbeziehung der bereits genannten biologischen Bedingungen stellen wir weitere fest:

- Die vorteilige Waagschale am *langen Arm* ist mit Kohlendioxid belastet, dessen besonderer Vorzug seine Flüchtigkeit ohne Beeinträchtigung der Elektroneutralität und der Osmolalität ist.
- Die Hydrogenkarbonatseite der Waage ist demgegenüber benachteiligt:
  - das Transportvolumen ist 20fach größer
  - sie ist der Elektroneutralität und der Osmolalität verpflichtet und kann deshalb nur durch Austausch bedient werden
  - alle Möglichkeiten liegen nur in der flüssigen Phase.

  In diesen Tatsachen liegt bereits der Grund für den wesentlich trägeren Ablauf auf dieser Seite der Waage und die sich daraus ergebende schlechtere Ökonomie.
  Schließlich bietet sich für die schnelle Sicherung des *p*H-Wertes die CO_2-Seite des *p*H-Gleichgewichtes an, ungeachtet von welchen Größen und Stoffen das Verhältnis verändert wird.
- Der Kohlendioxidzufluß ist so groß, daß das Verhältnis immer zugunsten der Kohlensäure verändert wird. Der Fall, daß zu wenig Kohlendioxid anfiele und die Waage sich zur alkalischen Seite neigte, kommt nicht vor. Damit ist sicher, daß es bei der Regelung des Gleichgewichtes auf dieser Waage allein um den CO_2-Abfluß geht.

Nach dem bisher Gesagten wird als Regeleingriff durch das Stellglied *Atmung* die Beschleunigung oder Verzögerung des CO_2-Abflusses benutzt. Damit werden die stoffwechselbedingten Schwankungen im CO_2-Zufluß zwangsläufig mit erfaßt. Diese Vorstellung entspricht den tatsächlichen Möglichkeiten der alveolären Ventilation. Innerhalb bestimmter Grenzen hat das Verlassen des mittleren Kohlendioxiddruckes zur Sicherung des *p*H-Wertes keinen negativen Einfluß auf den Gesamtorganismus. Die Stellgröße Kohlendioxid wird direkt durch die Größe der alveolären Ventilation beeinflußt und durch deren

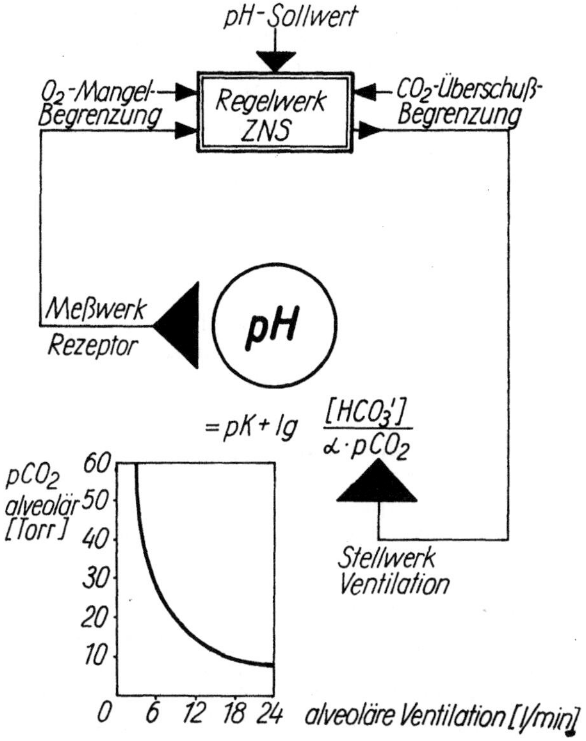

3.7 Schematische Darstellung des (wahrscheinlichen) Regelkreises der *p*H-Regulation. Die Charakteristik (ventilatorische Hyperbel) des Stellgliedes (Ventilation) zeigt seine Leistungsbreite.

maximale Leistung begrenzt. Die Zweitfunktion der alveolären Ventilation – die Sauerstoffaufnahme – leidet, wie bereits gesagt, dabei nicht Not, kann jedoch die Leistungsbreite zum Minimum der Ventilationsgröße hin begrenzen. In der folgenden Abbildung ist die Regelung des *p*H-Gleichgewichtes mit Hilfe des CO_2-Abflusses am Waagemodell dargestellt (Abb. 3.7).
Die Regelung von einer Seite der Waage her dient allein dem Verhältnis, nicht den Mengen. Das bedeutet, daß eine veränderte Hydrogenkarbonatkonzentration den Regler zwingt, die CO_2-Seite dem vorgegebenen Verhältnis entsprechend nachzuführen, ohne die Möglichkeit zu haben, auf die Menge des Hydrogenkarbonates einzuwirken. Um immer wieder eine ausreichende Manövrierfähigkeit dieses Regelkreises herzustellen, muß eine Möglichkeit zur *Rückführung in die Mitte* gegeben sein. Bei diesem Regelkonzept sehen wir die einzige Möglichkeit zur Rückstellung in der Tendenz der Niere, den Hydrogenkarbonatanteil auf einen bestimmten Wert zu bringen. Das Regulationssystem der Atmung führt dann den CO_2-Anteil nach.

3.2.4. Stabilisierungsfunktion der Niere

Die Niere hat als Kontaktorgan der Flüssigphase des Organismus zur Umwelt entscheidende Aufgaben für seine Stabilität gegenüber der Umwelt und deren Veränderungen.
Ihre Aufgaben bestehen im einzelnen in:

- der Stellgliedfunktion für die Volumenregelung
- der Stellgliedfunktion für die Regelung der Osmolalität mit Hilfe der Natriumrückresorption
- der stabilisierenden Funktion bei der *p*H-Regelung
- der Ausscheidung von Substanzen.

Da diese Teilfunktionen für den Organismus gleich wichtig sind und sie gleichzeitig bewältigt werden müssen, ist ihre Verknüpfung innerhalb einer bestimmten Ordnung unumgänglich notwendig. Das Gesetz der Elektroneutralität setzt sich ohne aktive Arbeitsleistung des Organismus durch. Die Folge für die Niere ist, daß bei der Ausscheidung von Ionen immer nur gleiche Äquivalente von Anionen und Kationen in einer Richtung verschoben werden können.

Aufgrund ihrer anatomischen Struktur ist die Niere auf drei prinzipielle Arbeitsmöglichkeiten festgelegt:

1. Filtration: Die Filtration ist die Funktion der Glomerula und besteht in der Herstellung eines Ultrafiltrats des Plasmas. Entsprechend der Porengröße des Filters können nur Moleküle, deren Molekulargewichte in Abhängigkeit von der Molekülstruktur nicht größer als 5000 bis 70000 sind, die Membran passieren. Dadurch wird das als Primärharn bezeichnete Ultrafiltrat frei von zellulären Elementen sowie von Eiweißkörpern, die infolge ihrer onkotischen Wirksamkeit die tubulären Transportvorgänge behinderten. Die Bildung des Primärharns besteht also in der Herstellung einer wäßrigen Lösung, deren Elektrolytkonzentrationen denen des Plasmas und demzufolge des Extrazellulärvolumens entsprechen. Er stellt das spezifische Arbeitsmaterial für die den Glomerula nachgeschalteten Tubuli dar.
2. Rückresorption: Die Rückresorption ist ein Prozeß, dessen Effekt im Nettotransfer einer Substanz vom Tubuluslumen in das peritubuläre Blut besteht.
3. Sekretion: Die Sekretion beinhaltet den Transport von Stoffen aus der Tubuluszelle in das Tubuluslumen. Rückresorption und Sekretion von Substanzen sind spezifische Funktionen des tubulären Apparates.

Die Verknüpfung der drei Arbeitsprinzipien besteht in der Fähigkeit zum Ionenaustausch.
Unter Berücksichtigung des energetischen Aufwandes teilt man die tubulären Transportprozesse in aktive und passive ein [3.1].
Die aktiven Transportprozesse – ganz gleich, ob es sich um Sekretions- oder Rückresorptionsmechanismen handelt – weisen bestimmte Gemeinsamkeiten auf:

1. sind sie von oxydativen Prozessen abhängig
2. sind sie in ihrer Transportkapazität begrenzt – entweder absolut (transportierte Masse oder Molzahl je Zeiteinheit) oder relativ (durch osmotische oder elektrochemische Gradienten)
3. können sie einer spezifischen oder kompetitiven Inhibition unterliegen.

Nach SHANNON [3.2] können sie in folgender Weise quantitativ beschrieben werden:

$$A + B \rightleftharpoons AB \rightarrow B + A_T \tag{3.1}$$

A = die Substanz, die transportiert werden soll;
B = ein nur in begrenzter Menge vorhandener Zellbestandteil, mit dem A eine Verbindung eingeht;
A_T = die transportierte Substanz.

Der erste Schritt der Reaktion fixiert die zu transportierende Substanz in der Zelle oder der Zellmembran in nichtdiffusibler Form, während der zweite Schritt den Zerfall des Produktes in den Zellbestandteil und die nunmehr transportierte Substanz beinhaltet. Die Begrenzung der Transportkapazität ist prinzipiell auf zwei verschiedenen Wegen möglich: Ist A im Überschuß vorhanden, wird das gesamte B in der Form von AB vorliegen. Damit ist die Transportgeschwindigkeit von der Zerfallsreaktion $AB \rightarrow B + A_T$ abhängig, da erst nach dem Zerfall wieder B zur Verbindung mit A zur Verfügung steht. Unter diesen Bedingungen ist der Transport offensichtlich nicht von der Konzentration im Plasma bzw. im Glomerulumfiltrat abhängig. Liegt dagegen A in Mengen unterhalb der Sättigungsgrenze von B vor, wird es komplett aufgenommen und transportiert. Unter solchen Verhältnissen hängt die Transportgeschwindigkeit von der Geschwindigkeit ab, mit der A den Zellen angeboten wird, d.h. im Falle der Rückresorption von der glomerulären Filtrationsrate, im Falle der Sekretion vom peritubulären Blutfluß.

Für die Bewegung des Natriumions durch die Zellmembran besteht ein aktiver Transportmechanismus.

Unter aktivem Transport werden nur die Verschiebungen von Substanzen durch biologische Membranen verstanden, die unter Energieverbrauch ablaufen. Die Änderung der freien Enthalpie ΔG ist für den aktiven Transportvorgang positiv, für den passiven Transportvorgang negativ. Passive Transportvorgänge laufen freiwillig ab. In Vielkomponentensystemen können Transporte für einzelne Komponenten entgegen dem Konzentrationsgefälle passiv, d.h. freiwillig, ablaufen, wenn nur ΔG für das Gesamtsystem negativ ist. Als Beispiele für passiven Transport seien genannt:

1. Wasserbewegung infolge des osmotischen Gradienten, der durch den Transport von gelösten Stoffen verursacht wird;
2. Harnstoffdiffusion entlang einem Gradienten, der durch den Transport von Wasser und gelösten Stoffen errichtet wird und
3. Transport gewisser schwacher Säuren und Basen in Abhängigkeit vom *p*H-Gradienten (Ammoniakdiffusion).

Anteil der Niere an der *p*H-Konstanz der Körperflüssigkeiten

Der *p*H-Wert ist eine geregelte Größe der Körperflüssigkeiten. Er wird durch das Verhältnis $[HCO_3']/[H_2CO_3]$ repräsentiert, gibt aber letztlich die Lage des Gleichgewichtes zwischen den Gesamtmengen an Säuren und Basen im Organismus an. Das erste Problem der Erhaltung dieses Gleichgewichtes ergibt sich daraus, daß die daran beteiligten Partner flüchtige und nichtflüchtige Stoffe bzw. ungeladene und geladene Teilchen sind. Der fortlaufende Anfall von Säuren aus dem Stoffwechsel gefährdet das Gleichgewicht stets nach der sauren Seite hin und stellt damit einen ständigen Impuls für die *p*H-Wert-Regelung dar.
Das *p*H-Wert-Regelsystem mit der Lunge als Stellglied kann das flüchtige Kohlendioxid durch eine der Größe des Anfalls entsprechende Elimination aus dem Organismus *p*H-unwirksam machen. Der Anschluß der nichtflüchtigen Säuren an den Regelkreis erfolgt über eine Umsetzung mit Hydrogenkarbonat

$$\begin{array}{ccc} HA + HCO_3' \rightarrow & H_2CO_3 & + A' \\ & \downarrow\uparrow & \\ & H_2O & + CO_2\nearrow \end{array} \tag{3.2}$$

Mit diesen beiden Schritten des Regelvorgangs ist das Regelziel – die *p*H-Wert-Konstanz des Extrazellulärvolumens – gewährleistet. Die *p*H-Wert-Regelung bedarf, damit die ursprünglichen Mengenverhältnisse wiederhergestellt werden, der Komplettierung (der Rückführung) durch Regeneration des bei der Säuretransformation verbrauchten Hydrogenkarbonats sowie durch Ausscheidung der dabei zurückbleibenden Säurerestanionen. Da es sich um geladene Teilchen handelt, muß die Wahrnehmung der Stabilisierung des Regeleffekts der Niere zufallen.
Das zweite Problem besteht darin, daß das Säure-Basen-Gleichgewicht mit seinen elektrisch geladenen Anteilen Bestandteil

des Wasser-Elektrolyt-Gleichgewichtes ist. Es kann demzufolge keine Reaktion von Säuren und Basen im Organismus geben, an denen aprote Elektrolyte nicht beteiligt sind und umgekehrt. Aus dem gleichen Grund läßt sich die Forderung ableiten, daß die Belange des Wasser-Elektrolyt-Gleichgewichtes und des Säure-Basen-Gleichgewichtes in der Niere komplex erfüllt werden.

Bei der Regelung von Volumen und Osmolalität kommt der Niere Stellgliedfunktion zu. Da Regelvorgänge als Prinzip höchster Ordnung stets vorrangige Bedeutung haben, ist zu erwarten, daß die Stabilisierung des Säure-Basen-Gleichgewichtes diesen Regelvorgängen in sinnvoller Weise nachgeschaltet ist. Die Toleranz der Regelmechanismen muß so groß sein, daß sie eine ausreichende Stabilisierung der *p*H-Wert-Regelung gewährleisten. Außer der Stabilisierung der *p*H-Wert-Regelung hat die Niere in bezug auf das Säure-Basen-Gleichgewicht die Aufgabe, den Hydrogenkarbonatbestand des Organismus konstant zu halten.

Verflechtung der Regelung der Osmolalität mit der Stabilisierung der *p*H-Wert-Regelung

Die Stellgliedfunktion der Niere bei der Regelung der Osmolalität wird durch die Natriumrückresorption bzw. deren Veränderung realisiert. Da die Niere in der Flüssigphase des Organismus arbeitet, ist sie dem Gesetz der Erhaltung der Elektroneutralität verpflichtet. Das bedeutet im Hinblick auf die Natriumrückresorption, daß diese prinzipiell auf zwei Wegen möglich ist, nämlich in Begleitung von Anionen oder im Austausch gegen andere Kationen. Das gleiche gilt für die Hydrogenkarbonatrückgewinnung und -neubildung, die in Begleitung von Kationen oder im Austausch gegen andere Anionen erfolgen könnte. Die Ausscheidung der Säurerestanionen ist dagegen nur in Begleitung einer entsprechenden Menge von Kationen möglich.

Bei der Natriumrückresorption werden tatsächlich beide Wege beschritten – die Rückresorption gemeinsam mit dem Chloridanion und die Rückresorption im Austausch gegen andere Kationen. Als Austauschkationen kommen Kalium- und Wasserstoffionen in Frage.

Das Kaliumion – als Hauptkation des Intrazellulärraumes – ist für den Austausch nicht in unbegrenzter Menge verfügbar. Sein

Bestand im Organismus ist vom Gleichgewicht zwischen Aufnahme und Ausscheidung abhängig. Außerdem sind seinem freien Übertritt vom Intrazellulärraum in den Extrazellulärraum durch die Zellmembran gewisse Grenzen gesetzt. Bei uneingeschränkter Nutzung als Austauschkation wären die Körpervorräte bald erschöpft (Gefährdung des Kaliumhaushalts). Es kann deshalb nur einen bestimmten Anteil liefern, der durch die in den Tubuluszellen vorhandene Menge limitiert ist. Die Beteiligung des Kaliumions am Austauschmechanismus kann aber seit den Untersuchungen von BERLINER und Mitarbeitern [3.3, 3.4] als gesichert gelten.

Im Gegensatz zu Kaliumionen sind Wasserstoffionen als Bestandteil des Körperwassers immer, überall und in nahezu unbegrenzter Menge vorhanden und können unter bestimmten Bedingungen auch sofort und in ausreichender Menge verfügbar gemacht werden. Wasserstoffionen können durch Dissoziation aus dem Wasser freigesetzt bzw. durch Rückkehr zum molekularen Zustand wieder aufgenommen werden.

$$2H_2O \rightleftharpoons H^{\cdot} + H_3O' \tag{3.3}$$

Da die Dissoziation des Wassers gering ist, muß ein Hilfsmechanismus existieren, der die Wasserstoffionen in ausreichender Menge verfügbar machen kann. Dieser Hilfsmechanismus ist in der Reaktion von CO_2 und H_2O nach folgender Gleichung gegeben:

$$CO_2 + H_2O \rightleftharpoons H_2CO_3 \rightleftharpoons H^{\cdot} + HCO_3' \tag{3.4}$$

Man erkennt, daß neben den $H^{\cdot}$ in entsprechender Menge HCO_3' freigesetzt werden. Die Geschwindigkeit, mit der die Reaktion abläuft, wird maßgeblich vom Vorhandensein des Enzyms Karboanhydrase bestimmt. Diese Gleichung – die Hydrationsgleichung der Kohlensäure – nimmt in bezug auf das Wasser-Elektrolyt-Gleichgewicht und das Säure-Basen-Gleichgewicht eine zentrale Stellung ein.

Die Reaktion kann in beiden Richtungen ablaufen und wird vom Organismus dementsprechend an verschiedenen Stellen in verschiedenen Richtungen benutzt (Pufferung, CO_2-Transport, Tubuluszelle).

Die Bedeutung des Vorganges wird klar, wenn man bedenkt, daß Kohlendioxid ein Endprodukt des Stoffwechsels ist und

daß die chemische Reaktion zwischen diesem Endprodukt und dem Lösungsmittel Wasser die Grundlage für ein biologisches Gleichgewicht bildet. Die Menge, in der beide Stoffe vorliegen, ihr ubiquitäres Vorkommen und ihre Verschieblichkeit zwischen den Flüssigkeitsräumen des Körpers machen die große Stabilität und die fast universelle Adaptation des Gleichgewichtes aus.
Da $H^{\cdot}$ also in wesentlich größerer Menge als $K^{\cdot}$ zur Verfügung gestellt werden können, ist anzunehmen, daß der größte Teil der Natriumrückresorption im Austausch gegen $H^{\cdot}$, ein kleinerer Teil im Austausch gegen $K^{\cdot}$ erfolgt.
Die Hydrogenkarbonatrückgewinnung und -neubildung ist theoretisch auch auf den beiden Wegen – in Begleitung von Kationen bzw. im Austausch gegen Anionen – möglich. Genutzt werden kann dagegen nur die erste Möglichkeit, da es sich im Falle des Hydrogenkarbonats nicht um eine echte Rückresorption handelt, sondern das Hydrogenkarbonat in der Tubuluszelle gebildet wird und entsprechend dem durch die Natriumrückresorption errichteten Potentialgradienten und dem Konzentrationsgradienten zwischen HCO_3' im Extrazellulärvolumen und HCO_3' in der Tubuluszelle in das Extrazellulärvolumen diffundiert. Ein Austausch gegen andere Anionen, beispielsweise Chlorid, das wahrscheinlich ausschließlich dem Potentialgradienten der Natriumrückresorption folgt, kann deshalb normalerweise nicht stattfinden.
Die Ausscheidung der Säurerestanionen ist nur möglich, wenn eine gleiche Menge Kationen zur Verfügung gestellt werden kann. An Säurerestanionen fallen im Ultrafiltrat Cl', SO_4'' und HPO_4''/H_2PO_4' an; die entsprechenden Kationen werden durch $Na^{\cdot}$, $K^{\cdot}$ ($Ca^{\cdot\cdot}$ und $Mg^{\cdot\cdot}$) sowie $H^{\cdot}$ und $NH_4^{\cdot}$ gestellt.
$Na^{\cdot}$ und $K^{\cdot}$ liegen normalerweise in Mengen zwischen 100 und 200 mval $Na^{\cdot}$/die bzw. 50 und 100 mval $K^{\cdot}$/die im Harn vor. Da sie aber nicht in unbegrenzter Menge ausgeschieden werden können, kommen bei erhöhtem Anfall von Säurerestanionen der $H^{\cdot}$- und $NH_4^{\cdot}$-Ausscheidung eine besondere Bedeutung zu.
Der mengenmäßig größte Anteil der Natriumrückresorption geht in Begleitung mit Anionen vor sich. In Frage kommen dafür die Hauptanionen des Extrazellulärraumes Cl' und HCO_3', die wahrscheinlich entsprechend ihrer Konzentration im Extrazellulärraum beteiligt sind (Abb. 3.8, 3.9).

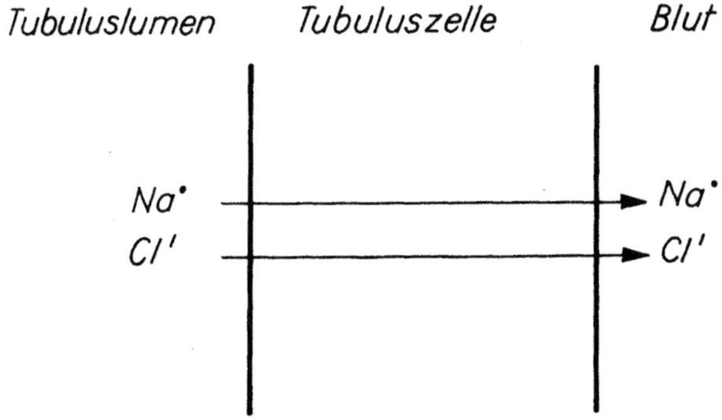

3.8 Anteil des Chlorids an der Natriumrückresorption in der Niere

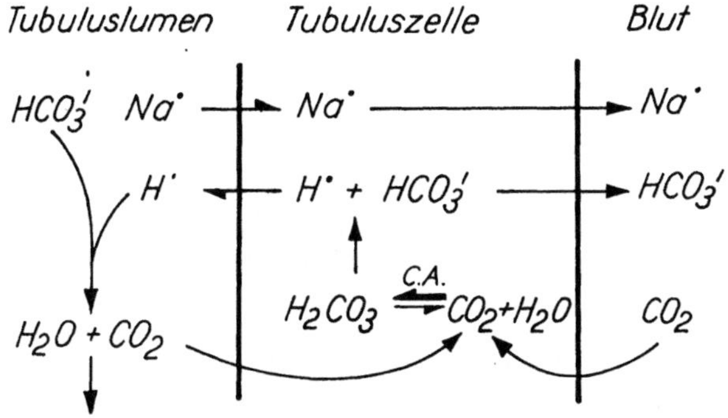

3.9 Anteil des Na˙/H˙-Austausches bei der Natriumrückresorption, in Verbindung mit der HCO_3'/-Rückgewinnung

Normalerweise wirkt sich dieser Mechanismus nicht auf das Säure-Basen-Gleichgewicht aus. Unter den Bedingungen des Cl′-Mangels kommt ihm jedoch ein wesentlicher Einfluß zu.
Für das Hydrogenkarbonat liegen die Verhältnisse etwas anders als für das Chlorid.
In der Tubuluszelle entsteht unter Einwirkung von Karboanhydrase aus H_2O und CO_2 Kohlensäure, die in H˙ und HCO_3' dissoziiert. Die entstandenen H˙ werden gegen die Na˙ aus der Tubulusflüssigkeit ausgetauscht, während das ebenfalls in der

Zelle entstandene HCO_3' zusammen mit $Na^{\cdot}$ in die peritubuläre Flüssigkeit bewegt wird.
Die ins Tubuluslumen abgegebenen $H^{\cdot}$ verbinden sich mit dem filtrierten HCO_3' zu Kohlensäure, die ihrerseits in CO_2 und H_2O zerfällt. Das CO_2 diffundiert entsprechend den Partialdruckverhältnissen in die Tubuluszelle zurück und nimmt dort wieder an der Kohlensäurebildung teil. Die Notwendigkeit dieses CO_2-Kreislaufs ergibt sich aus den Untersuchungen von BRAZEAU und GILMAN [3.5], die nachwiesen, daß die CO_2-Produktion aus dem Stoffwechsel der Tubuluszelle nicht groß genug ist, um den Bedarf des Ionenaustausches an $H^{\cdot}$ zu decken.
An diesem Vorgang sind mehrere Dinge bemerkenswert:

- es handelt sich in Wirklichkeit um einen Ionenaustauschprozeß
- das gewonnene HCO_3' ist nicht mit dem filtrierten, sondern mit dem in den Zellen gebildeten identisch und
- der Prozeß ist nicht an der Harnsäuerung beteiligt, da das CO_2 im Tubuluslumen einer passiven Rückdiffusion unterliegt.

Des weiteren ist wichtig festzustellen, daß mit Hilfe der Koppelung von Natriumrückresorption und Hydrogenkarbonatrückgewinnung nur der Körperbestand an Hydrogenkarbonat erhalten wird.
Normalerweise werden 24 bis 28 mval HCO_3'/l Glomerulumfiltrat rückgewonnen. Liegt die Hydrogenkarbonatkonzentration im Plasma über diesem Wert, kommt es zur Ausscheidung des überschüssigen Hydrogenkarbonats; liegt sie darunter, wird das Hydrogenkarbonat wie auch bei normaler Konzentration über diesen Mechanismus komplett rückgewonnen. Die Tubuli sind in ihrer Rückgewinnungskapazität für Hydrogenkarbonat also nicht absolut begrenzt; vielmehr ist die Hydrogenkarbonatrückgewinnung mit der Glomerulumfiltrationsrate so verknüpft, daß stets eine konstante Hydrogenkarbonatmenge je Liter Glomerulumfiltrat rückgewonnen wird [3.6].
Der dritte Mechanismus der Natriumrückresorption ist mit der Harnsäuerung verbunden und ebenfalls ein Ionenaustauschmechanismus (Abb. 3.10 und 3.11). Dabei werden als Ersatzkationen für das $Na^{\cdot}$, $H^{\cdot}$ und $K^{\cdot}$ verwendet. Es ist anzunehmen, daß unter steady-state-Bedingungen eine feste quantitative

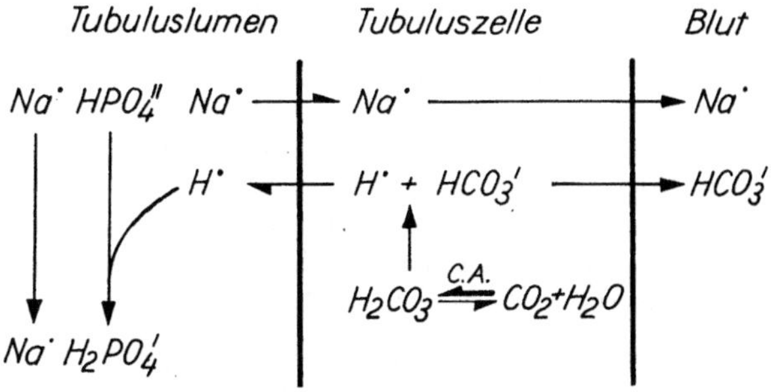

3.10 Anteil des Na˙/H˙-Austausches bei der Natriumrückresorption, in Verbindung mit der HCO_3'-Neubildung

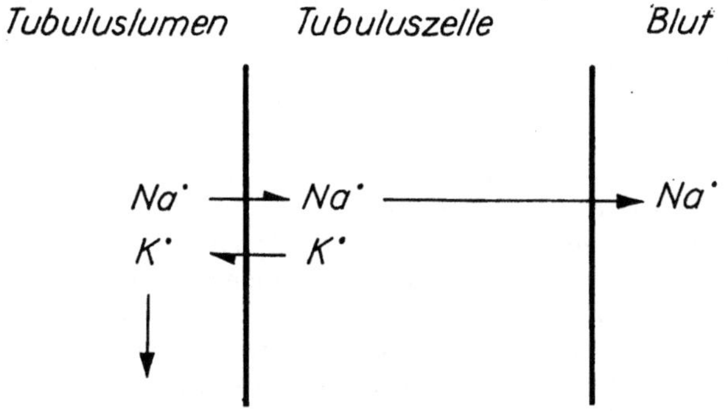

3.11 Anteil des Na˙/K˙-Austausches an der Natriumrückresorption

Relation der Austauschkationen H˙ und K˙ existiert. In jedem Fall müssen genau so viel H˙ gebildet werden, wie Säurerestanionen anfallen, da nur hierdurch die Hydrogenkarbonatneubildung gewährleistet wird. Von wesentlicher Bedeutung ist die Feststellung, daß es mit diesem Mechanismus einen Ort in der Niere gibt, an dem Na˙, K˙ und H˙ interferieren, dadurch ist für den Normalfall die Erledigung der anfallenden Aufgaben mit relativ geringem Aufwand möglich und andererseits unter pathologischen Bedingungen eine Möglichkeit für Ersatzfunktionen gegeben.

Die Effekte des Mechanismus bestehen in folgenden Punkten:

- Teilnahme an der Natriumrückresorption
- Lieferung von Kationen ($H^{\cdot}$ und $K^{\cdot}$) in den Harn, wodurch die zur Ausscheidung der Säurerestanionen zu fordernde Elektroneutralität gewährleistet wird
- Hydrogenkarbonatneubildung (quantitativ entsprechend der Menge, die bei der Pufferung der im Stoffwechsel anfallenden htflüchtigen Säuren verbraucht wird).

Die quantitative Beteiligung von $K^{\cdot}$ ist hauptsächlich durch den Vorrat in der Tubuluszelle limitiert; die Harnzusammensetzung hat, sofern genügend Anionen vorliegen, keinen Einfluß darauf.
Die für den Austauschprozeß erforderlichen $H^{\cdot}$ entstammen wiederum der unter dem Einfluß der Karboanhydrase aus H_2O und CO_2 gebildeten Kohlensäure. Dem Vorliegen freier $H^{\cdot}$ im Harn sind allerdings Grenzen gesetzt, da die Niere *nur* in der Lage ist, einen maximalen $H^{\cdot}$-Gradienten von 1000 : 1 zwischen Tubulusflüssigkeit und Blut bzw. von 400 : 1 zwischen Tubulusflüssigkeit und Tubuluszelle aufzubauen. Selbst bei diesem großen Konzentrationsgradienten kann nur ein kleiner Teil der anfallenden $H^{\cdot}$ frei vorliegen, denn durch die frei ausgeschiedenen $H^{\cdot}$ verkleinert sich der Gradient bis ein Gleichgewicht erreicht ist, womit der Ionenaustausch blockiert würde. Für den größeren Teil der $H^{\cdot}$ sind also Bindungskapazitäten notwendig. Zur Bindung der $H^{\cdot}$ im Harn stehen Puffer, wie Phosphat, und Ammoniak zur Verfügung.

Rolle der Puffer im Harn

Der Wert eines Puffers im Harn ist durch seine absolute Menge sowie durch den pK der Puffersäure gegeben.
Der wichtigste Harnpuffer ist das System primäres/sekundäres Phosphat; Kreatinin und einige Aminosäuren spielen daneben eine untergeordnete Rolle und werden deshalb im Rahmen unserer Betrachtungen vernachlässigt. Phosphat fällt im Proteinstoffwechsel an und liegt im Extrazellulärvolumen beim pH = 7,4 als primäres und sekundäres Phosphat im Verhältnis von 3,5 : 1 vor. Dieses Verhältnis ergibt sich aus der Puffergleichung

für Phosphat und wird letztlich durch das Kohlensäure/Hydrogenkarbonatsystem stabilisiert. Im Ultrafiltrat liegt das Phosphat ebenfalls in diesem Verhältnis vor. Im Harn ist die Relation jedoch zugunsten des sekundären Phosphates verschoben. Durch seine Eigenschaft als schlecht rückresorbierbares Anion liefert es die Bedingung für seine Elimination aus dem Organismus; durch seine Eigenschaft als H˙-Puffer gewährleistet es die Möglichkeit der Hydrogenkarbonatneubildung, die mit der H˙-Bildung in der gleichen Reaktion erfolgt. Es ist anzunehmen, daß die quantitative H˙-Bindungsfähigkeit des Phosphates so groß ist, daß das bei der Pufferung des aus dem Stoffwechsel anfallenden Phosphats verbrauchte HCO_3' komplett ersetzt wird. Das Phosphatpuffersystem erfüllt im Harn somit zwei Funktionen: einmal ermöglicht es seine eigene Elimination, zum anderen macht es durch H˙-Bindung eine adäquate Hydrogenkarbonatbildung möglich. Die Kapazität des Puffers ist dann erschöpft, wenn das primäre Phosphat in sekundäres Phosphat umgewandelt ist.

Die Funktion der Ammoniakbildung

Außer dem Phosphat fällt im Intermediärstoffwechsel der Proteine und Lipide Sulfat in meßbaren Mengen an. Das Sulfatanion liefert wie das Phosphat durch seine schlechte Rückresorbierbarkeit die Bedingung für seine Elimination. Das Sulfat kann Wasserstoffionen nicht als Kationen verwenden, da durch die entstehende fast völlig dissoziierte Schwefelsäure der maximale H˙-Gradient der Niere bald erreicht und der Na˙/H˙-Austausch blockiert würde. Es sind also andere Kationen erforderlich. Natriumionen und Kaliumionen können nur in begrenzter Menge im Harn vorliegen und werden zum größten Teil durch das Cl′ blockiert. Es bleibt also die Forderung nach einem Ersatzkation, dessen Menge entsprechend dem unterschiedlichen Anfall des Säurerestanions Sulfat bzw. anderer Säurerestanionen quantitativ regulierbar sein muß.
Diese Forderungen erfüllt das Ammoniak in idealer Weise. Es wird in den Tubuluszellen der Niere synthetisiert [3.7]; zu einem größeren Anteil aus dem Amid-N des Glutamins ($>60\%$), zu einem kleineren Teil aus dem α-Amino-N verschiedener Plasma-Aminosäuren [3.8]. Die Ammoniakbildung ist eine enzymati-

sche Reaktion, dabei kommen als wirksame Enzyme Glutaminase, L-Aminosäureoxydase, Glyzinoxydase und Transaminasen in Frage. Die Größe der Ammoniakbildung ist damit von der Substratkonzentration und der Enzymaktivität abhängig, dabei ist letzterer wahrscheinlich die größere physiologische Bedeutung beizumessen. Die Ammoniakbildung als enzymatischer Prozeß weist sich als qualifizierter Vorgang aus. Außer seiner Funktion als organisches Ersatzkation hat das in der Tubuluszelle gebildete Ammoniak keine biologische Bedeutung für den Organismus.

Über den Bildungs- und Ausscheidungsmodus des Ammoniaks bestehen verschiedene Ansichten.

Nach PITTS [3.9] wird der Zell-*p*H-Wert infolge der $H^{\cdot}$-Sekretion der Tubuluszellen von 5 bis 6 auf 6.8 erhöht. Bei diesem *p*H weist die Glutaminase ihre größte Aktivität auf. Das aus Glutamin gebildete NH_3 diffundiert aufgrund des *p*H-Gradienten zwischen Tubuluslumen und -zelle, seines hohen Diffusionskoeffizienten und seiner guten Lipidlöslichkeit in das Tubuluslumen. Dort wird es mit Hilfe des durch den $Na^{\cdot}/H^{\cdot}$-Ionenaustausch bereitgestellten $H^{\cdot}$ in $NH_4^{\cdot}$ umgewandelt und in dieser Form ausgeschieden. Der Vorgang kann nur in dieser Richtung ablaufen, da die Zellmembran für $NH_4^{\cdot}$ nicht diffusibel ist. Aus dem Gesagten geht die Rolle des Ionenaustauschmechanismus für die $NH_4^{\cdot}$-Ausscheidung deutlich hervor.

Diesen Pittsschen Vorstellungen wurde von RYBERG [3.10] und RECTOR [3.11] ein anderer Modus der $NH_4^{\cdot}$-Ausscheidung gegenübergestellt. Nach Meinung dieser Autoren wird in den Zellen des distalen Tubulus Glutamin unter Einwirkung von Glutaminase in Glutaminsäure und $NH_4^{\cdot}$-Glutamat gespalten. Das $NH_4^{\cdot}$ des $NH_4^{\cdot}$-Glutamats wird dann gegen $Na^{\cdot}$ aus dem Tubuluslumen ausgetauscht.

Der grundlegende Unterschied beider Ansichten besteht darin, daß es sich nach der Pittsschen Auffassung um eine passive Diffusion, nach RYBERG und RECTOR dagegen um einen direkten $Na^{\cdot}/NH_4^{\cdot}$-Ionenaustausch handelt. Der Nettoeffekt ist in beiden Fällen der gleiche (Abb. 3.12).

Zur Zeit kann nicht entschieden werden, welche von beiden Vorstellungen die richtige ist.

Die Diffusionstheorie hat als Argument für sich, daß Diffusion ein passiver Vorgang ist, der keine zusätzliche Energie erfordert.

Ihre Annahme gründet sich auf die Tatsache, daß biologische Membranen für ungeladene Teilchen besser permeabel sind als für geladene Teilchen. Die Membranpermeabilität ist um so

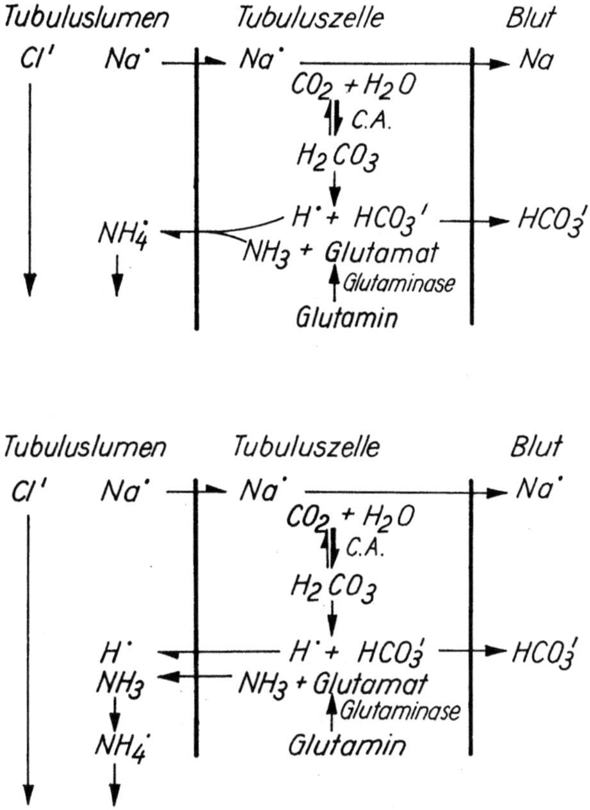

3.12 Die $NH_4^{\cdot}$-Bildung und -Ausscheidung (modifiziert nach [3.11])

größer, je kleiner das Molekulargewicht und je größer die Lipidlöslichkeit des betreffenden Stoffes ist. Letztere hängt von der Anwesenheit nichtpolarer Gruppen ab, die einen hohen Lipid-Wasser-Verteilungskoeffizienten zur Folge haben. Die

Permeation des ionisierten Anteils einer Substanz wird durch dessen elektrische Ladung und seine Wasserlöslichkeit vermindert.

Die Quantität der reinen *p*H-abhängigen Diffusion ist durch die Henderson-Hasselbalch-Gleichung gegeben, die das Verhältnis des ionisierten zum nichtionisierten Anteil einer Substanz in einer Lösung bestimmt. Wenn der *p*H-Wert der Lösung gleich dem *pK*-Wert des Puffersystems wird, liegen beide Anteile zu jeweils 50% vor. Für das System $NH_3 + H^{\cdot} \rightleftharpoons NH_4^{\cdot}$ wäre diese Beziehung bei einem *p*H-Wert von 9,3 gegeben. In den wesentlich saureren Körperflüssigkeiten muß das Gleichgewicht also immer nach rechts verschoben sein. So liegen bei normalem Blut-*p*H-Wert etwa 97,5% des Ammoniaks als $NH_4^{\cdot}$ und nur etwa 2,5% als NH_3 vor [3.12]. Im Intrazellulärraum muß der höheren Azidität zufolge ein noch größerer Anteil des Ammoniaks als $NH_4^{\cdot}$ vorliegen. Das gilt natürlich auch für die Tubuluszelle. Allerdings ist zu bedenken, daß durch die $H^{\cdot}$-Sekretion aus der Tubuluszelle der Tubulusharn im Verhältnis zur Zelle saurer wird und ein *p*H-Gradient entsteht. Das bedeutet, daß das im Tubulusharn vorhandene Ammoniak fast ausschließlich als $NH_4^{\cdot}$ vorliegen muß und sich auf diese Weise ein pNH_3-Gradient von der Zelle zum Tubuluslumen ausbilden kann. Daneben bildet die gute Lipidlöslichkeit des physikalisch gelösten NH_3 mit seinem hohen Diffusionskoeffizienten die Grundlage für die passive partialdruckabhängige NH_3-Diffusion.

Der Nachweis einer vom Harn-*p*H abhängigen NH_3-Diffusion gelang als erstem FERGUSON [3.13] in Experimenten an Ratten. In späteren Untersuchungen an Hunden und Menschen wurde eine umgekehrte lineare Beziehung zwischen dem Logarithmus der Rate der $NH_4^{\cdot}$-Ausscheidung und dem Harn-*p*H nachgewiesen [3.14]. Der Regressionskoeffizient, der die Veränderung des log ($NH_4^{\cdot}$-Ausscheidung)/Abfall des Harn-*p*H um eine Einheit bestimmt, wurde beim Menschen und beim Hund mit −0,30 gefunden [3.15, 3.16].

Für die von RYBERG und Mitarbeitern [3.10] vertretene Anschauung des direkten $Na^{\cdot}/NH_4^{\cdot}$-Austauschs läßt sich als Argument anführen, daß das $NH_4^{\cdot}$ aufgrund des Ionenradius des hydratisierten Ions in seinen chemischen Eigenschaften dem $K^{\cdot}$ sehr ähnlich ist und somit ein direkter Austausch gut denkbar wäre.

Kompensatorische Leistungen der Niere bei eingeschränkter Stellgliedfunktion des *p*H-Regelsystemes.

Wie das Modell der Baurschen *p*H-Waage erkennen läßt, ist die Niere zur direkten Beeinflussung des Säure-Basen-Gleichgewichtes – repräsentiert durch das Verhältnis von log $[HCO_3']/[H_2CO_3]$ – auf dem Weg über die Veränderung der Hydrogenkarbonatbildung fähig. Entsprechend den schwierigen Arbeitsbedingungen der Niere (Verflechtung mit der Regelung des Volumens und der Osmolalität durch Ionenaustauschvorgänge) ist der Vorgang träge. Diese Trägheit macht ihn zur Kompensation akuter Störungen der Stellgliedfunktion ungeeignet. Bei chronischen Veränderungen der Lungenfunktion arbeitet er dagegen höchst effektiv. Das Ergebnis der Kompensation besteht darin, daß die Hydrogenkarbonatkonzentration im Extrazellulärvolumen der durch die Störung des Stellglieds Lunge veränderten Kohlensäurekonzentration angepaßt wird (z.B. chronische Bronchitis ≙ chronische pCO_2-Erhöhung → erhöhte Hydrogenkarbonatbildung in den Tubuluszellen → erhöhte Hydrogenkarbonatkonzentration im Extrazellulärvolumen). Damit kann über lange Zeit die *p*H-Konstanz oder eine geringe, vom Organismus tolerierbare *p*H-Wert-Verstellung des Extrazellulärvolumens garantiert werden. Allerdings ist ein solches Gleichgewicht, das durch die Veränderung der Konzentrationen der beteiligten Partner erzielt wurde, weiteren Störungen gegenüber sehr anfällig (z.B. akute Entgleisung des Säure-Basen-Gleichgewichtes durch Pneumonie oder durch Diabetes mellitus bei chronischer Bronchitis).

Die Vermittlung der kompensatorischen Leistung der Niere bei gestörter Lungenfunktion erfolgt durch den pCO_2. Nach dem Henry-Daltonschen Gesetz ist die Löslichkeit eines Gases in einer Flüssigkeit proportional seinem Partialdruck und dem Löslichkeitsfaktor. Demzufolge muß eine Erhöhung des pCO_2 eine Vergrößerung, eine Erniedrigung des pCO_2 eine Verminderung der physikalisch gelösten CO_2-Menge zur Folge haben. Da die Hydrationsgleichung der Kohlensäure

$$CO_2 + H_2O \rightleftharpoons H_2CO_3 \rightleftharpoons H^{\cdot} + HCO_3' \qquad (3.5)$$

einem Gleichgewicht zustrebt, muß mit der Zu- bzw. Abnahme des physikalisch gelösten CO_2 eine Veränderung der Menge der gebildeten Wasserstoff- und Hydrogenkarbonationen verbunden sein. Erhöhter pCO_2 bedeutet demgemäß größere $H^{\cdot}$- und HCO_3'-Bildung, erniedrigter pCO_2 geringere $H^{\cdot}$- und HCO_3'-Bildung. Über die Auswirkungen veränderter CO_2-Spannungen auf die Hydrogenkarbonatrückgewinnung und Wasserstoffionensekretion liegen von verschiedenen Untersuchern systematische Experimente an verschiedenen Tierspezies und am Menschen vor [3.5, 3.17, 3.18, 3.19, 3.20, 3.21, 3.22, 3.23, 3.24]. Die Ergebnisse stimmen darin überein, daß von allen Autoren eine lineare Abhängigkeit der Hydrogenkarbonatrückgewinnung vom arteriellen pCO_2 gefunden wurde, wenn dieser in einem Bereich von etwa 25–110 Torr variiert wurde.

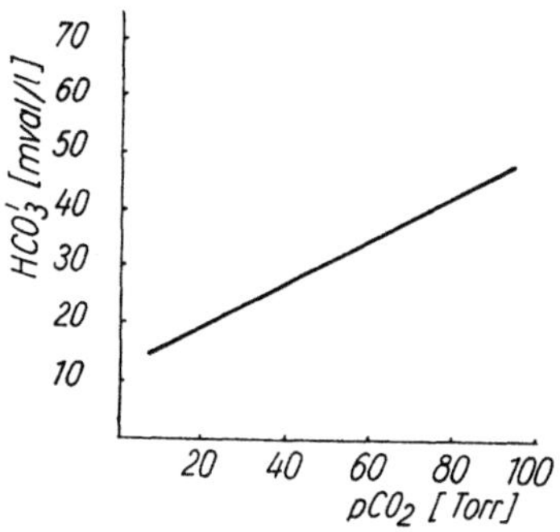

3.13

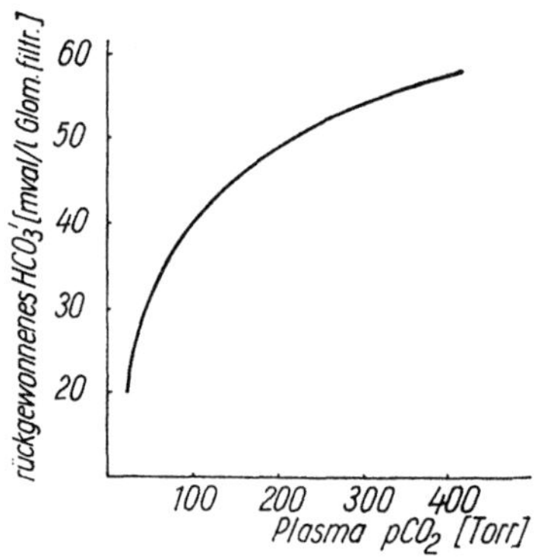

3.14

3.13 Beziehung zwischen Hydrogenkarbonatkonzentration und pCO_2 im Plasma (modifiziert nach [3.17])

3.14 Der Effekt von pCO_2 auf die Hydrogenkarbonatrückgewinnung (nach [3.19])

Da die Niere die Bilanzierung von Wasser-Elektrolyt-Gleichgewicht und Säure-Basen-Gleichgewicht komplex vollzieht, muß die durch pCO_2-Veränderungen induzierte veränderte Bildungsrate von $H^{\cdot}$ und HCO_3' auf die Rückresorption bzw. Ausscheidung anderer Ionen Einfluß nehmen. Nur aufgrund der Verknüpfung der Natriumrückresorption mit Chloridrückresorption, Wasserstoffionen- und Kaliumionensekretion und der Möglichkeit, diese Anteile quantitativ zu verändern, ist eine renale Kompensation respiratorischer Störungen überhaupt denkbar.

Bei der respiratorischen Azidose besteht die kompensatorische Leistung der Niere in der der pCO_2-Erhöhung angepaßten erhöhten HCO_3-Bildung.

Da die Serumnatriumkonzentration im Interesse der Erhaltung der Osmolalität unter den gegebenen Bedingungen nicht verändert werden darf, muß die Erhöhung der Hydrogenkarbonatkonzentration im Extrazellulärvolumen zwangsläufig zur Erniedrigung der Chloridkonzentration führen. Diese Konzentrationsverminderung wird durch die erhöhte Chloridausscheidung der Niere realisiert.

Die der erhöhten Hydrogenkarbonatbildung entsprechend erhöhte Rückgewinnung kann nur vonstatten gehen, wenn einerseits eine ausreichende Menge Kationen zur gleichzeitigen Rückresorption zur Verfügung steht (Elektroneutralität) und andererseits die Entfernung der ebenfalls vermehrt gebildeten Wasserstoffionen möglich ist. Da die erhöhte $H^{\cdot}$-Bildung sowie der Zwang zur Chloridausscheidung zur Akzeleration des $Na^{\cdot}/H^{\cdot}$-Austausches führen, kann das Natrium den erstgenannten Zweck erfüllen. Die effektive Ausscheidung der vermehrt gebildeten Wasserstoffionen ist im wesentlichen von ihrer Bindung in Form der titrierbaren Azidität und des $NH_4^{\cdot}$ abhängig. Die im Harn vorliegende Menge an titrierbarer Azidität und $NH_4^{\cdot}$ wird demzufolge vergrößert sein.

Aufgrund des gemeinsamen Sekretionsmechanismus von $H^{\cdot}$ und $K^{\cdot}$ im Austausch gegen $Na^{\cdot}$ wird bei sehr großem $H^{\cdot}$-Angebot das $K^{\cdot}$ bei diesem Prozeß zurückgedrängt. Die Kaliumausscheidung im Harn wird also verringert sein. Fast regelmäßig ist bei ausgeprägten respiratorischen Azidosen eine Hyperkaliämie zu beobachten.

Die begrenzenden Faktoren für die renale Kompensation von pCO_2-Erhöhungen liegen sehr wahrscheinlich in der Verfügbarkeit der Natriumionen für die Hydrogenkarbonatrückgewinnung, in der Kapazität der Niere, die $H^{\cdot}$ in der titrierbaren Azidität zu binden sowie in ihrer Fähigkeit zur NH_3-Produktion.

Bisher liegen noch wenig experimentelle Daten über die Harnelektrolytausscheidung bei der respiratorischen Azidose vor. DOWDS et al. [3.22] sowie SINGER et al. [3.20] berichteten

über eine mäßige Ausscheidungsverminderung von $Na^{\cdot}$ und $K^{\cdot}$. Andere Autoren [3.26] fanden eine erhöhte Cl'- und Säureausscheidung.
Bei der respiratorischen Alkalose findet man im Vergleich zur respiratorischen Azidose entsprechend umgekehrte Verhältnisse. Die $H^{\cdot}$- und HCO_3'-Bildung in der Tubuluszelle und entsprechend die Hydrogenkarbonatrückgewinnung ist stark vermindert [3.23, 3.24]. Das bedeutet in bezug auf die $Na^{\cdot}$-Rückresorption, daß weniger $Na^{\cdot}$ gegen $H^{\cdot}$ ausgetauscht und zusammen mit HCO_3' zurückgewonnen werden kann. Demzufolge kann man erwarten, daß die anderen Mechanismen der $Na^{\cdot}$-Rückresorption stärker belastet werden. Es wird mehr $Na^{\cdot}$ zusammen mit Cl' rückresorbiert. Gleichzeitig wird in verstärktem Umfang $Na^{\cdot}$ gegen $K^{\cdot}$ ausgetauscht. Die Ausscheidung von Cl' im Harn wird deshalb vermindert, die von $K^{\cdot}$ aber vermehrt sein. Des weiteren wird viel Hydrogenkarbonat im Harn vorliegen. Experimente von McCANCE und WIDDOWSON [3.27] und von STANBURY und THOMSON [3.24], bei denen mittels freiwilliger Hyperventilation eine pCO_2-Erniedrigung induziert wurde, zeigten eine vermehrte $Na^{\cdot}$- und $K^{\cdot}$-Ausscheidung. Danach ist anzunehmen, daß die beiden erwähnten Mechanismen der $Na^{\cdot}$-Rückresorption nicht in der Lage sind, die normalerweise über den $Na^{\cdot}/H^{\cdot}$-Austauschmechanismus ablaufende $Na^{\cdot}$-Rückresorption voll zu übernehmen. Zu erwähnen ist noch, daß beide Autorengruppen bei der Induktion einer respiratorischen Alkalose bei $Na^{\cdot}$-verarmten Personen einen viel geringeren Anstieg der $Na^{\cdot}$- und $K^{\cdot}$-Ausscheidung fanden und auch der Harn dabei nicht alkalisch wurde. Offenbar dokumentiert sich in diesem Befund der Vorrang der Regelung der Osmolalität gegenüber der Regulation des Säure-Basen-Gleichgewichtes. Da weniger $H^{\cdot}$ ausgeschieden werden müssen, verringern sich auch die titrierbare Azidität und die $NH_4^{\cdot}$-Ausscheidung im Harn.

3.3. Störungen des Säure-Basen-Gleichgewichtes

Angriffe auf das Säure-Basen-Gleichgewicht sind aus drei Richtungen zu erwarten:

1. Störungen der Regulationssysteme selbst (Leistungsbeschränkung oder Leistungsausfall). Hiervon sind vorzüglich die Or-

gane mit Stellgliedfunktion (Lungen, Nieren) oder deren Anschluß an das Zirkulationssystem betroffen.

2. Veränderter – besonders vermehrter – Anfall von *p*H-wirksamen Metaboliten aus dem Stoffwechsel (Leistungsüberzug der Regelorgane).
3. Leckage oder negative Bilanz von Ein- und Ausfuhr mit Verlust von Volumen und/oder Reaktionspartnern aus dem Extrazellulärraum. Das ist der Schrumpfung der Regelstrecke und dem Mangel an Arbeitsmitteln für die Regulationssysteme gleichbedeutend.

3.4. Störungen des Regelkreises Atmung

Prinzipiell kann ein Regelkreis an jeder Stelle defekt werden; das führt immer zur Veränderung der Gesamtfunktion. Nach der Häufigkeit der Störungen ist die Stellgliedfunktion – die alveoläre Ventilation – weit bevorzugt. Störungen, die die Regeleinrichtung (ZNS) und den Meßfühler betreffen, sind wesentlich seltener.

3.4.1. Störungen der Lungenfunktion

- Alveoläre Hypoventilation als Zeichen einer energetischen Insuffizienz.
- Verminderung der Ventilationsfläche, Verlegung des freien Gasaustausches und Elastizitätsverlust des Lungengewebes als mechanische Insuffizienz. Hierbei ist zu beachten, daß bei verminderter Atemfläche zuerst die O_2-Aufnahme leidet, erst später die CO_2-Abgabe (große Flüchtigkeit des CO_2). Auf diese Weise wird zum Beispiel die Möglichkeit einer respiratorischen Kompensation einer metabolischen Alkalose begrenzt.
- Verminderte Perfusion des Atemorgans oder Widerstandserhöhung in der Lungenstrombahn als zirkulatorische Insuffizienz.
- Veränderung in Zusammensetzung und Druck des Atemgases als Umweltinsuffizienz.

Alle diese Störungen führen zur Einengung der Regulationsbreite. Dadurch wird die Abwehrleistung gegen Störungen vermindert oder zusätzliche Störungen führen, wenn die Toleranzgrenze bereits erreicht ist, zur Entgleisung. Da wir die Regelung an der CO_2-Ausfuhr angesetzt haben, führt jede derartige Störung zur ungenügenden CO_2-Elimination und hat daher Tendenz zur *p*H-Erniedrigung.

3.4.2. Störungen der Regeleinrichtung im zentralen Nervensystem (ZNS)

Sie betreffen die Verarbeitung eingehender Signale und – da die Orte ihrer Messung nicht bekannt sind – die Funktion des Rezeptors. Die Störungen im ZNS sind:

- Ausfall der Regeleinrichtung (Atemzentrum) mit Atemstillstand
- stereotype Hyperventilationsatmung, die zum *p*H-Anstieg führt und bei Schädelhirnverletzungen auftritt
- pathologische Atemtypen (Cheyne-Stokes-Atmung, Biot-Atmung) durch Störung der Kombination: Regelwerk–Meßwerk. Sie betreffen die Empfindlichkeit bzw. die Arbeitsgeschwindigkeit von Meßwerk oder Regelwerk und führen allgemein zur Vergröberung der Arbeitsweise bzw. zur Erhöhung der Erregbarkeitsschwelle.

3.5. Störungen der Stabilisierungsfunktion der Niere

Die Stabilisierung des Säure-Basen-Gleichgewichtes durch die Niere ist nur möglich, wenn eine Reihe von Bedingungen eingehalten werden. Die wichtigsten Arbeitsbedingungen der strukturell intakten Niere sind:

- der Anschluß an das Zirkulationssystem des Extrazellulärvolumens, der die Versorgung mit Sauerstoff, Nährstoffen und spezifischem Arbeitsmaterial gewährleistet und
- das ungestörte Elektrolytgleichgewicht.

Die möglichen Störungen bestehen in:

- der Funktionsbehinderung durch Volumen- und/oder Elektrolytverluste

- dem Kapazitätsüberzug durch zu großen Anfall saurer Metabolite aus dem Stoffwechsel und
- der Leistungseinschränkung oder dem Leistungsverlust durch entzündliche oder degenerative Veränderungen des anatomischen Substrats.

Treten die Störungen kombiniert auf, sind die Toleranzen des Organismus in sehr kurzer Zeit erreicht.

3.5.1. Funktionsbehinderung der Niere

Veränderungen des Extrazellulärvolumens

Als Funktionsbehinderung der Niere kann sich praktisch nur der Volumenmangel auswirken, da die gesunde Niere jederzeit in der Lage ist, im Überschuß aufgenommenes Wasser durch die Bildung eines hypotonen Harns ohne oder mit nur geringen Elektrolytverlusten innerhalb sehr kurzer Zeit auszuscheiden.
Das Extrazellulärvolumen setzt sich aus den Anteilen Intravasalraum und interstitielles Volumen zusammen. Ersterem obliegt die Zirkulation und damit der Stofftransport durch den Organismus. Dafür sind der Antrieb durch die Herzarbeit sowie der Einschluß in ein Röhrensystem die Bedingungen. Letzteres stellt die Fortsetzung des Transportsystems bis zur Zelle her. Die für den Stoffaustausch zwischen beiden Anteilen des Extrazellulärvolumens entscheidende Kontaktfläche ist durch die Wandcharakteristik der Kapillaren gegeben.
Die normale Größe des Extrazellulärvolumens ist die unmittelbare Voraussetzung für ein funktionsfähiges Transportsystem, das der Niere in erster Instanz ihre volle Leistungsbreite sichert. Jede Leckage des Extrazellulärraumes hat über die Verkleinerung des Extrazellulärvolumens die Verschlechterung der Transportbedingungen des Zirkulationssystems zur Folge. Dabei ist prinzipiell gleichgültig, ob Blut, Serum oder Wasser mit Elektrolyten verlorengehen. Letztlich führt die Leckage des Extrazellulärraumes in Abhängigkeit von Intensität und Dauer des Verlustes zur Verminderung der peripheren Perfusion, d.h. zum klinischen Bild des Schocks. Der kritische Faktor besteht darin, daß durch die Hypoperfusion der Peripherie das Kapillarbett nur

mangelhaft durchströmt wird, damit der ausreichende Kontakt zur interstitiellen Flüssigkeit nicht mehr gewährleistet ist und die Verbindung zur Zelle verschlechtert wird. Infolge der unzureichenden Versorgung der Zelle mit Sauerstoff und Nährstoffen ist der normale oxidative Stoffwechsel nur noch in begrenztem Umfang möglich. Unter den Bedingungen des Schocks wird als Methode der Energiegewinnung in den vom Transportsystem getrennten Zellen vorzugsweise die anaerobe Glykolyse genutzt. Das führt neben der verringerten Energiegewinnung zur Anhäufung saurer Stoffwechselendprodukte in der Zelle und in der sie umgebenden interstitiellen Flüssigkeit. Bedeutung gewinnen diese sauren Metaboliten für den Gesamtorganismus dann, wenn durch therapeutische Eröffnung der Peripherie ihr Übertritt in den Intravasalraum erfolgt. Mit jedem Volumenverlust geht eine Verringerung der Pufferkapazität des Extrazellulärvolumens einher.

Auf die beiden Funktionseinheiten der Niere wirken sich Volumenverluste in ganz spezifischer Weise aus. Das Glomerulum reagiert auf die Verminderung des Volumens mit der Abnahme der glomerulären Filtrationsrate, die ihrerseits zur Funktionsbehinderung der Tubuli führt. Sinkt die glomeruläre Filtration unter einen kritischen Wert ab, kommt es zur Oligurie bzw. Anurie mit Retention von Wasser, Salzen, harnpflichtigen Substanzen und Säurerestanionen. Für die Tubulusfunktion spielt neben der Verkleinerung des Volumens die damit einhergehende verschlechterte Versorgung mit Sauerstoff und Nährstoffen die entscheidende Rolle. Da die Tubuli als hochdifferenzierte Zellsysteme gegenüber solchen Mangelerscheinungen sehr anfällig sind, haben diese häufig nicht nur funktionelle, sondern auch morphologische Veränderungen (Tubuluszellnekrosen) zur Folge. Je nach Ausmaß und Dauer des Volumenmangels können sie voll reversibel oder irreparabel sein. Aufgrund dieser Ausfälle können die spezifischen Funktionen der Tubuli zur Stabilisierung des Säure-Basen-Gleichgewichtes, wie $H^{\cdot}$-, HCO_3'- und NH_3-Bildung, nur noch mangelhaft oder gar nicht mehr erfüllt werden. Insgesamt wird also auf zweifache Weise, nämlich Retention von Säurerestanionen (Glomerulum) und verminderte $H^{\cdot}$-, HCO_3'- und NH_3-Bildung (Tubuli), eine renale Azidose induziert.

Im Überschuß zugeführte, nicht verstoffwechselbare Kationen und Anionen (z.B. $Na^{\cdot}$ und Cl') können von der gesunden Niere unter Berücksichtigung eines entsprechenden Lösungsvolumens durch die Bildung eines hypertonen Harns praktisch in jeder Menge ausgeschieden werden. Die Ausscheidung geht allerdings unter Zeitverzug vor sich, da die überschüssigen Ionen zunächst zur Expansion des Extrazellulärvolumens führen. Eine gewisse Problematik entsteht dann, wenn ein Teil der zugeführten Ionen in organischer Form vorliegt und verstoffwechselt wird, beispielsweise bei der Zufuhr organischer Kaliumsalze. In diesem Fall muß von der Niere eine der auszuscheidenden Kationenmenge entsprechende Anzahl von Anionen zur gleichzeitigen Ausscheidung zur Verfügung gestellt werden (Elektroneutralität). Das könnte einmal das Chlorid sein, dessen Ausscheidungsmenge aber sicher dadurch limitiert ist, daß es ebenso wie die Kationen dem Organismus erhalten werden muß. Zum anderen bietet sich hierfür das Hydrogenkarbonat an, das dann aber in entsprechend geringerer Menge in den Tubuluszellen gebildet wird (Blockierung der $H^{\cdot}$- und HCO_3'-Bildung durch das im Tubulusharn im Überschuß vorliegende Kation).

Bei umgekehrten Verhältnissen, d.h., beim Zwang zur Ausscheidung überschüssiger Anionen (z.B. nach hoher NH_4Cl-Zufuhr) steht der Niere zur Wahrung der Elektroneutralität die Bildung eines organischen Ersatzkations, des $NH_4^{\cdot}$, zur Verfügung (bei entsprechend erhöhter Bildungsrate von $H^{\cdot}$ und HCO_3'). Allerdings benötigt der Mechanismus bis zur vollen Entfaltung einige Tage, so daß zunächst Kationen, wie $Na^{\cdot}$ und $K^{\cdot}$ verlorengehen, deren quantitativer Ersatz durch den angeführten Mechanismus unter Zeitverzug gewährleistet wird.

Den Überschußzuständen ist sowohl von der Häufigkeit des Vorkommens als auch von der möglichen Bewältigung her keine wesentliche Bedeutung beizumessen. Mangelzustände haben eine ungleich größere pathophysiologische Wertigkeit, weil viele Krankheitsbilder mit einer negativen Bilanz einhergehen und die Niere trotz dieser Mangelzustände ihrer Regelfunktion dienen muß. Wesentlich ist auch, daß eine Störung schon primär nicht nur eine Ionenart betrifft, sondern ein komplexes Geschehen darstellt, das auch komplex bewältigt werden muß.

Natriummangel

Da die Stellgliedfunktion der Niere für die Regelung der Osmolalität in der Veränderung der Natriumrückresorption besteht, muß beim Natriummangel notwendigerweise die Natriumrückresorption erhöht werden. Entsprechend den vorliegenden Verhältnissen werden die Teilmechanismen der Natriumrückresorption unterschiedlich betroffen sein. Häufig wird mit einem mangelhaften Na-Angebot gleichzeitig ein mangelhaftes Chloridangebot vorliegen, so daß ein erhöhter Anteil der Natriumrückresorption zu Lasten des Austausches gegen Wasserstoff- und Kaliumionen gehen wird. Letztlich wird also die für unsere Betrachtungen interessante Anpassung des $Na^{\cdot}/H^{\cdot}$-Austausches davon abhängen, ob Kaliumionen in ausreichender Menge zur Verfügung stehen. Wird der $Na^{\cdot}/H^{\cdot}$-Austausch erheblich beschleunigt (gleichzeitiger Chlorid- und Kaliummangel), muß sich eine metabolische Alkalose entwickeln, da im gleichen Maß wie die $H^{\cdot}$-Bildung auch die Bildung von Hydrogenkarbonat vergrößert wird.
Wenn mit Hilfe der Mechanismen der Natriumrückresorption die Erhaltung der Osmolalität nicht mehr gewährleistet ist, kann nur noch das Volumen verändert werden. Durch Verkleinerung des Extrazellulärvolumens (erhöhte Ausscheidung von Wasser ohne Natrium) nimmt die Natriumkonzentration relativ zu und die Osmolalität ist im verkleinerten Volumen wiederhergestellt. Die Verminderung des Extrazellulärvolumens führt zu den schon beschriebenen Störungen der renalen Funktion, nämlich der herabgesetzten glomerulären Filtrationsrate und der Einschränkung der gesamten Tubulusfunktion mit Tendenz zur Azidose. Schließlich entwickelt sich ein Circulus vitiosus, der nur noch durch eine energische komplexe Therapie zu durchbrechen ist.

Kaliummangel

Das Kalium als intrazelluläres Kation ist maßgeblich am Struktur- und Funktionsstoffwechsel der Zellen beteiligt. Obwohl die Tubuluszellen in viel geringerem Maß von einer Kaliumverarmung als beispielsweise die Muskelzellen betroffen sind, ist der intrazelluläre Kaliumgehalt wie auch der Gradient zwischen intra- und extrazellulärem Kalium für strukturelle und funktionelle Störungen verantwortlich. So wurden von mehreren Autoren vakuolige Veränderungen – als kaliopenische Nephropathie bezeichnet – gefunden. Beim Menschen wurden diese Veränderungen hauptsächlich im proximalen Tubulus nachgewiesen (s. HERMS [3.28] und SCHWARTZ und RELMAN [3.29]).

Die funktionellen Veränderungen bestehen in:

- der Abnahme des Konzentrationsvermögens schon nach kurzer Zeit des Kaliummangels
- in der Beeinträchtigung der Regulation der Natriumausscheidung. So ist die kaliumverarmte Niere sowohl an erhöhte Natriumzufuhr als auch an ein vermindertes Angebot schlecht anpassungsfähig. Beim Kaliummangel und uneingeschränkter Natriumzufuhr ist regelmäßig eine Natriumretention, z. T. mit Ödembildung nachweisbar
- einer Verringerung des maximalen *p*H-Gradienten zwischen Plasma und Harn.

Das Kalium ist in der Niere aber nicht nur an der Zellfunktion selbst, sondern auch an Transportvorgängen beteiligt, die der Natriumrückresorption dienen. Der Anteil der Natriumrückresorption, der über den Austausch $Na^{\cdot}/K^{\cdot}$ vollzogen wird, ist durch den intrazellulären Kaliumgehalt der Tubuluszelle begrenzt. Entsprechend dem Grad der Einschränkung dieses Austausches beim Kaliummangel muß das in der Tubuluszelle gebildete Ersatzkation $H^{\cdot}$ die Funktion mit übernehmen. Das läßt sich vielleicht am besten damit belegen, daß die Aktivitäten der Karboanhydrase und der an der Ammoniakbildung beteiligten Enzyme von verschiedenen Autoren vermehrt gefunden wurden (s. HERMS [3.28], SCHWARTZ und RELMAN [3.29]). Die Steigerung der Aktivitäten der genannten und auch anderer Enzyme wird als „Adaptationsmechanismus der Kaliumkonservierung" gedeutet. Damit könnte zwanglos erklärt werden, daß die Niere im Beginn einer Kaliumverarmung nicht zu einer effektiven Einsparung von Kalium in der Lage ist, nach längerer Dauer die Konservierung aber so effektiv ist, daß nur noch geringe Mengen an Kalium ausgeschieden werden. Das mit der Induktion der $H^{\cdot}$-Bildung gleichzeitig vermehrt gebildete Hydrogenkarbonat führt zu einer Alkalose im Extrazellulärvolumen. Die Erhaltung der Elektroneutralität führt infolge der Stellvertretung von Hydrogenkarbonat und Chlorid im Extrazellulärraum zwangsläufig zur vermehrten Chloridausscheidung durch die Niere mit konsekutiver Erniedrigung der Chloridkonzentration im Extrazellulärvolumen. Die erzwungene erhöhte Chloridausscheidung bedeutet, daß weniger Chlorid für die Natriumrückresorption zur Verfügung steht. Das wiederum muß zur Beschleunigung des $Na^{\cdot}/H^{\cdot}$-Austausches führen. Begrenzt wird dieser Vorgang dadurch, daß die kaliumverarmte Niere nicht mehr zum Aufbau eines maximalen *p*H-Gradienten in der Lage ist. Die vermehrt gebildeten und ausgeschiedenen Wasserstoffionen liegen im Harn größtenteils als $NH_4^{\cdot}$ vor. Der Anstieg der titrierbaren Azidität ist nicht so bedeutend.

Chloridmangel

Das Chlorid ist das einzige körpereigene Anion, das in großen Mengen rückresorbiert werden kann. Seine Rückresorption folgt passiv dem durch die aktive Natriumrückresorption errichteten Potentialgefälle. Die Bedeutung des Chlorids liegt darin, daß es die Elektroneutralität für einen bestimmten Anteil der Natriumrückresorption gewährleistet.

Aufgrund der im Interesse der Erhaltung der Osmolalität notwendigerweise unveränderten Natriumrückresorption kann ein Chloridmangel zur kritischen Determinante der renalen $H^{\cdot}$- und $K^{\cdot}$-Sekretion werden. Dieses Verhalten ist durch die Forderung nach Elektroneutralität in allen Flüssigkeitsräumen des Organismus zu erklären. Mangel an resorbierbaren Anionen (= Chloridmangel) führt zum herabgesetzten Anionendurchsatz im Tubulus. Die fortgesetzte Natriumrückresorption hat eine Erhöhung des elektrochemischen Potentialgradienten [3.26] zur Folge, der eine erhöhte $H^{\cdot}$- und $K^{\cdot}$-Sekretion aus den Tubuluszellen in das Tubuluslumen induziert.

Je nach Dauer des Chloridmangels führt die erhöhte Kaliumsekretion zum zunehmenden Kaliummangel in den Zellen mit seinen spezifischen Auswirkungen auf Nierenfunktion und -struktur. Die vermehrte $H^{\cdot}$-Ausscheidung führt zur Säuerung des Harns und das gleichzeitig gebildete und in das peritubuläre Blut abgegebene Hydrogenkarbonat zur nichtrespiratorischen Alkalose im Extrazellulärvolumen.

3.5.2. Kapazitätsüberziehung der Niere durch übermäßigen Anfall an sauren Metaboliten

Die Kapazität der gesunden Niere zur Ausscheidung von Säurerestanionen kann durch exogene Säurebelastungen kaum überschritten werden. Als Beispiel mag die Induktion einer alimentären NH_4Cl-Azidose dienen, die in Abhängigkeit von Intensität und Dauer des Angriffs zu einer typischen renalen Reaktion führt. Nach Dissoziation des Salzes in den Körperflüssigkeiten wird das $NH_4^{\cdot}$ von der Leber zur Harnstoffsynthese verwendet, so daß als Belastung für die Niere das Chlorid zurückbleibt. Als Säurerestanion einer starken Säure kann es nur ausgeschieden werden, wenn es durch die aproten Kationen Kalium und Natrium oder $NH_4^{\cdot}$ (in der Niere gebildet, nicht mit dem zugeführten identisch) als Ersatzkation begleitet wird. Da die Erhöhung der $NH_4^{\cdot}$-Bildung und -Ausscheidung ein adaptiver Prozeß ist und einige Tage bis zur vollen Entfaltung benötigt, muß der Zwang zur Chloridausscheidung zunächst mit dem Verlust von $K^{\cdot}$ und $Na^{\cdot}$ verbunden sein. Mit der allmählichen Vergrößerung der ausgeschiedenen $NH_4^{\cdot}$-Menge – auch über die Zeit der Säurebelastung hinaus – kommt es zur Verminderung der Ausscheidung der aproten Kationen bis zum vollen Ersatz des vorausgegangenen Verlustes. Nach Beendigung der Säurebelastung wird mit der für die Niere charakteristischen Zeitverzögerung die $NH_4^{\cdot}$-Ausscheidung wieder verringert. Untersuchungen über diese exogen induzierte Azidoseform liegen von mehreren Autoren vor [3.30, 3.31].

Im Gegensatz dazu kann der erhöhte endogene Anfall saurer Metabolite bei Stoffwechselentgleisungen sehr wohl zur Kapazitätsüberziehung der Niere hinsichtlich der Ausscheidung der Säurerestanionen führen. Ein eindrucksvolles Beispiel für einen solchen Sachverhalt ist die diabetische Ketoazidose.

Der Diabetes mellitus ist primär eine Störung des Kohlenhydratstoffwechsels, der durch Insulinmangel oder Insulininaktivierung hervorgerufen wird, wobei zu den Hormonen Adrenalin, Glukagon und den Kortikoiden Wechselbeziehungen bestehen. Das Insulin besitzt für den Glukoseeintritt in die Zelle eine Pförtnerfunktion. Als begrenzender Faktor der Zellpermeabilität für Glukose wird das Insulin auch zum begrenzenden Faktor für die Glukoseverwertung in der Zelle, sowohl über den

Embden-Meyerhof-Weg, als auch über den oxydativen Pentoseweg. In der Zelle wird durch eine *p*H-abhängige katalytische Reaktion (Hexokinase) die Glukose in Glukose-6-phosphat überführt. Die Bildung von Glukose-6-phosphat ist der erste Schritt der energieliefernden Glukoseoxydation. In der Leber bewirkt das Insulin sowohl eine Hemmung der Glykogenolyse als auch eine Neubildung des Glykogens. Gleichzeitig wird der Fettsäureabbau und die Glukoneogenese gebremst und die Fettsäuresynthese gesteigert.

Bei Insulinmangel steigt die Konzentration der Blutglukose durch erhöhte Glykogenolyse, durch Glukoneogenese in der Leber und durch mangelhafte Glukoseaufnahme in die Zellen an. Der bei Insulinmangel erhöhte Fettsäureabbau setzt mehr sauere Metabolite (Ketonkörper) frei als der normalen Bilanz entspricht. Primär entsteht Azetazetat, das zum größten Teil in β-Hydroxybutyrat umgewandelt wird.

Die in bezug auf das Wasser-Elektrolyt-Gleichgewicht und das Säure-Basen-Gleichgewicht wesentlichen Auswirkungen der diabetischen Stoffwechselstörung sind damit Angriff auf den *p*H-Wert durch erhöhten Anfall saurer Stoffwechselendprodukte (Azetessigsäure, β-Oxybuttersäure) und Angriff auf die Osmolalität infolge der erhöhten Glukosekonzentration der Körperflüssigkeiten. Die zwangsläufigen Folgen dieser beiden Angriffe sollen Gegenstand der weiteren Betrachtungen sein.

Auswirkungen auf den *p*H-Wert

Beim Diabetes mellitus fallen dem Ausmaß der Stoffwechselstörung entsprechend große Mengen an Azetazetat an, das sekundär zu einem Teil zu β-Oxybutyrat umgewandelt werden kann und zu einem gewissen Teil spontan in CO_2 und Azeton zerfällt. Mit dem Anfall dieser sauren Metabolite geht eine *p*H-Wert-Erniedrigung im Extrazellulärvolumen einher, die über das *p*H-Regelsystem die Vertiefung und Beschleunigung der Ventilation – des Stellgliedes der *p*H-Regelung – veranlaßt (große Kussmaulsche Atmung beim diabetischen Koma). Zu bemerken ist, daß mit der Ventilationssteigerung die Ausscheidung von Azeton, aber auch ein nicht unerheblicher Wasserverlust verbunden sind. Die zurückbleibenden, nichtflüchtigen Säurerestanionen müssen zur Niere transportiert und dort ausgeschieden werden. Da sie Anionen mittelstarker Säuren sind (pK der Azetessigsäure 3,83, pK der β-Oxybuttersäure 4,7), können sie nach Maßgabe des Harn-pH zu einem begrenzten Teil als freie Säuren vorliegen (Einfluß des Kaliummangels). Zum überwiegenden Teil müssen sie unter Wahrung der Elektroneutralität zusammen mit aproten Kationen ($K^{\cdot}$, $Na^{\cdot}$) bzw. $NH_4^{\cdot}$ ausgeschieden werden. Dabei ist bemerkenswert, daß der $Na^{\cdot}/H^{\cdot}$-Austausch um so mehr eingeschränkt wird, je saurer der Harn ist, d.h., die Säureausscheidung behindert sich selbst. Nach [3.32] kann aber bei der diabetischen Ketose die Ausscheidung der titrierbaren Azidität und des $NH_4^{\cdot}$ auf das 10fache der Norm ansteigen.

Trotz dieser enormen Steigerung der Säureausscheidung kann durch den laufenden Nachschub saurer Metabolite (keine Tendenz zur Korrektur!) die Kapazität der Niere überschritten werden, was notwendigerweise zur Manifestation der Systemazidose führen muß. Die Azidose hat über die Hemmung der Hexokinasewirkung [3.33] eine weitere Verschlechterung der Kohlehydratoxidation zur Folge und verstärkt sich dadurch selbst. Allein durch die Azidose entwickelt sich also ein Circulus vitiosus, der letztlich mit dem Coma diabeticum endet.

Auswirkungen auf die Osmolalität

Der zweite Angriff des Diabetes mellitus richtet sich ebenfalls gegen die vitalen Funktionen und betrifft die Beeinflussung der Osmolalität durch die erhöhte Glukosekonzentration (100 mg Glukose/100 ml ≙ 5,5 mosmol/l).

Die Glukoseüberschwemmung des Organismus führt über die osmotische Diurese zu erheblichen Wasserverlusten (Polyurie des Diabetes) und zur Beeinträchtigung der effektiven Natriumkonservierung, wie auch der Konservierung der übrigen Elektrolyte ($K^{\cdot}$, Cl'). Die Gesamtelektrolytverluste während der Ketose liegen in der Größenordnung von 8 mval/kg Körpergewicht für $Na^{\cdot}$, 5 mval/kg Körpergewicht für Cl' und 6mval/kg Körpergewicht für $K^{\cdot}$.

Die sehr hohe Verlustquote für $Na^{\cdot}$ überrascht nicht, da dem $Na^{\cdot}$ bezüglich der Regelung der Osmolalität Stellgliedfunktion zukommt. Infolgedessen muß es bei Erhöhung der Osmolalität, gleich welcher Ursache, solange ausgeschieden werden, bis die

Osmolalität wieder hergestellt ist. Diese Natriumausscheidung (mit Wasser) führt zu einem zusätzlichen Wasserverlust.
Beim Diabetes überlagern sich an der Niere also die Forderungen der osmotischen Diurese mit denen der Regelung der Osmolalität. Sie wirken in der gleichen Richtung und haben den Verlust von Wasser, $Na^{\cdot}$ und anderen Elektrolyten ($K^{\cdot}$, Cl') zur Folge. Bemerkenswert ist weiterhin, daß der Zwang zur Natriumausscheidung den $Na^{\cdot}/H^{\cdot}$-Austausch in ungünstiger Weise beeinflussen muß, d.h., die $NH_4^{\cdot}$-Bildung sowie die Hydrogenkarbonatregeneration können nicht maximal sein. Die Forderungen der osmotischen Diurese und der Regelung der Osmolalität behindern somit die säuernden Mechanismen der Tubuluszellen.
In Abhängigkeit von Dauer und Schwere der Erkrankung kommt es beim unbehandelten Diabetes über kurz oder lang – unterstützt durch die mangelnde Fähigkeit zum Trinken durch Bewußtseinstrübung – zum Volumenmangel und zu Natrium- und Kaliummangelzuständen. Die Verkleinerung des Extrazellulärvolumens und die ständige Nachlieferung saurer Produkte führen zur Konzentrationserhöhung und damit zur Verstärkung der Azidose.
Die letzte Folge des fortschreitenden Volumenmangels ist die Leistungsbehinderung der Nierenfunktion, die zur Retention harnpflichtiger Substanzen (verstärkt durch den erhöhten Eiweißabbau) mit möglicher Beeinflussung der Osmolalität (30 mg Harnstoff-N/100 ml $\triangleq$ 10 mosmol/l) und zur Verschlechterung der Tubulusfunktion mit Tendenz zur renalen Azidose führt.
Zu beachten ist ferner, daß die Hypoperfusion der Peripherie infolge des Volumenmangels durch die verschlechterte Sauerstoffversorgung zur erhöhten Laktatbildung führt. Damit wird das Bild des schweren Schocks komplett.

Auswirkungen auf den Kaliumhaushalt

Während der Entwicklung der Azidose kommt es zum Austritt von Kalium aus den Zellen in das Extrazellulärvolumen. Verursachende Faktoren sind die Azidose selbst, die Glykogenverarmung der Zellen und der als Folge der Kohlehydratstoffwechselstörung erhöhte Eiweißabbau. Trotz der erhöhten Kaliumausscheidung infolge der osmotischen Diurese, die zu einem echten Kaliummangel führt, ist während der diabetischen Ketoazidose relativ häufig eine Hyperkaliämie zu beobachten. Nach SIGGAARD-ANDERSEN [3.34] ist die Serum-Kalium-Konzentration eine Funktion des *p*H-Wertes, und zwar verändert eine *p*H-Wert-Erniedrigung um 0,3 Einheiten die Kaliumkonzentration um + 1 mval/l. Die Bestimmung der Serum-Kalium-Konzentration sagt unter diesen Bedingungen nichts über den tatsächlichen Zustand des Kaliumhaushaltes aus.

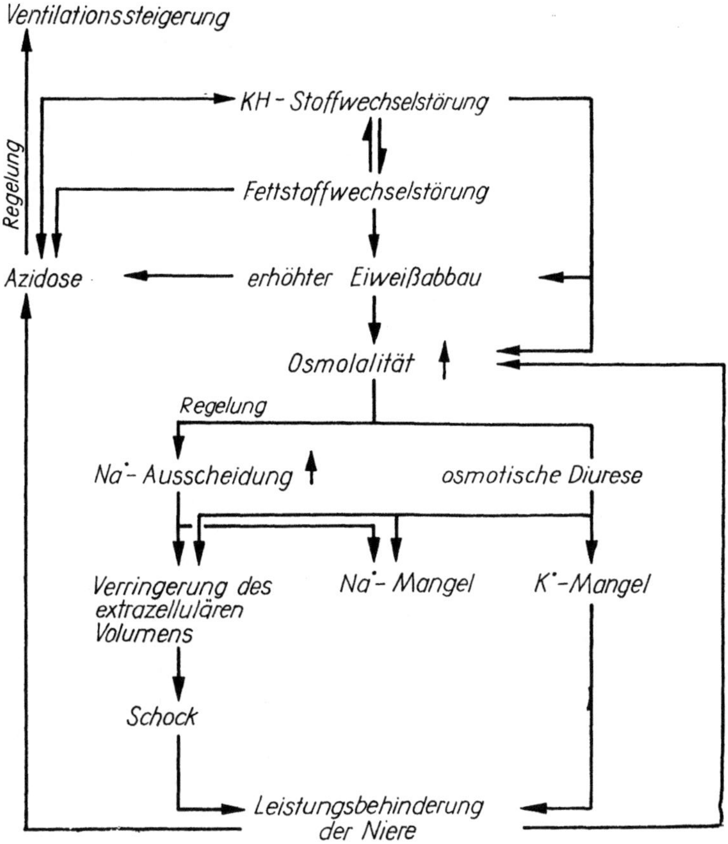

3.15 Angriffe auf die vitalen Funktionen beim Diabetes mellitus

Der Kaliummangel seinerseits beeinflußt die renale Säureausscheidung weitgehend. So geht die Fähigkeit zur maximalen Säuerung des Harns verloren, die die Grundlage der NH_3-Bildung bzw. $NH_4^{\cdot}$-Ausscheidung wie auch der Hydrogenkarbonatbildung darstellt. Beim Kaliummangel kann der Harn nur auf minimal 5,3 *p*H-Einheiten erniedrigt werden. Das bedeutet, daß die Säurerestanionen (Azetazetat und β-Oxybutyrat) nur zu etwa 30 % als freie Säuren vorliegen können und daß der Rest zu einem großen Teil von $Na^{\cdot}$ (verringerte $NH_4^{\cdot}$-Bildung) neutralisiert werden muß.

Zusammenfassend kann man sagen, daß der Diabetes mellitus kombinierte Störungen des Wasser-Elektrolyt- und des Säure-Basen-Gleichgewichtes infolge der exzessiven metabolischen Säuerung und der Beeinflussung der Osmolalität nach sich zieht. Da der Organismus selbst nicht in der Lage ist, die Stoffwechselentgleisung zu korrigieren, muß der unbehandelte Diabetes mellitus zwangsläufig zu irgendeinem Zeitpunkt zur Kapazitätsüberziehung der Regelorgane Lunge und Niere und letztlich zur Katastrophe führen.

Die im wesentlichen ablaufenden Vorgänge können durch das Schema (Abb. 3.15) dargestellt werden.

3.5.3. Pathophysiologie der Niereninsuffizienz (Leistungsverlust)

Prinzipiell können alle Nierenerkrankungen, die zur Einschränkung der glomerulären und tubulären Funktion bzw. einer Kombination von beiden führen, Störungen des Wasser-Elektrolyt- und des Säure-Basen-Gleichgewichtes verursachen. Das mögliche Ausmaß dieser Störungen wird durch die Art der beeinträchtigten Funktion (vorwiegend glomerulär bzw. vorwiegend tubulär) sowie durch die Lokalisation von Krankheitsprozessen innerhalb des Tubulus bestimmt (Tubuluspartialfunktionsstörungen).

Das Glomerulum wirkt als eine Membran, die durch Aufbau, Anordnung und Größe der Oberfläche eine druckabhängige Ultrafiltration des Blutes ermöglicht. Es handelt sich dabei im wesentlichen um eine passive Leistung der Niere. Aufgrund seiner Membranstruktur ist verständlich, daß das Glomerulum gegen schädigende Einflüsse weniger anfällig ist. Außerdem

verfügt die Niere bei Abnahme der funktionstüchtigen Glomerula über die Fähigkeit zur Hypertrophie der verbleibenden Glomerula.
Die Störung der Glomerulumfunktion hat eine Leistungsbehinderung des dazugehörigen Tubulus zur Folge.
Die kritische Größe des Glomerulumfiltrates liegt bei etwa 25 bis 30 ml/min.
Der Tubulus ist dem Glomerulum nachgeschaltet und hat die Aufgabe, aus dem angelieferten Primärharn die für den Organismus zu erhaltenden Stoffe rückzuresorbieren, schädliche oder überflüssige auszuscheiden und den Harn zu konzentrieren. Diesem Zweck dienen

- die Anordnung der verschiedenen Tubulusabschnitte im Gegenstromsystem
- seine hormonelle Steuerung
- seine Fermentsysteme und
- die Fähigkeit zur Bildung elektrochemischer Gradienten mit der Möglichkeit
  - zur Ionenrückresorption
  - zum Ionenaustausch
  - zur Ionensekretion sowie
- seine Fähigkeit
  - zur Azidogenese und
  - zur Ammoniogenese.

Der Tubulus ist damit ein hochdifferenziertes System, dem aktive Aufgaben bezüglich der Homoiostase der Körperflüssigkeiten zufallen. Aus der Differenziertheit ergibt sich die im Vergleich zum Glomerulum erheblich größere Anfälligkeit gegen spezifische schädigende Einflüsse.
Störungen der Tubulusfunktion können einzelne Partialfunktionen oder den gesamten Tubulus betreffen. Partialfunktionsstörungen sind beispielsweise der Phosphatdiabetes, die renale tubuläre Azidose, die Salzverlustniere u.a.
Störungen der gesamten Tubulusfunktion führen in wechselndem Ausmaß zum Verlust von Wasser und Elektrolyten (osmotische Diurese), zur Verminderung der $H^{\cdot}$- und HCO_3'-Bildung, zur Störung der Ammoniogenese und zur Störung der Harnkonzentrierung.
Wesentlich ist die Feststellung, daß die primär gestörte Tubulus-

funktion nach Verlust einer genügend großen Menge an Wasser und Salzen ($Na^{\cdot}$) immer zur Verkleinerung der Extrazellulärflüssigkeit und damit des Intravasalvolumens und der Nierendurchblutung führt. Dadurch wird letztlich die Funktion der Glomerula eingeschränkt und es kommt zur Globalinsuffizienz der Niere. Daraus ergeben sich wesentliche Folgerungen für die Therapie bei primär tubulären Erkrankungen hinsichtlich der Deckung der renalen Salz- und Wasserverluste.
Primär tubuläre Störungen führen damit konsekutiv zur Leistungsbehinderung der Glomerula und zur weiteren Leistungsbehinderung der eigenen Funktion.

3.6. Betrachtungen zur Phylogenese

Während der Entwicklung der Lebewesen wurden nacheinander drei grundsätzlich voneinander verschiedene Umweltformen – Meer, Süßwasser und Atmosphäre – bewältigt. Sie stellen für die Versorgung der Lebewesen mit Sauerstoff und Nährstoffen, die Ausscheidung ihrer Stoffwechselendprodukte, besonders aber für die Erhaltung ihres inneren Milieus völlig verschiedene, immer schwieriger zu erfüllende Bedingungen dar.
Die Existenz der Lebewesen, die an die Erfüllbarkeit dieser vorgegebenen Bedingungen gebunden ist, erfordert damit zwangsläufig eine Entwicklung vom Einfachen zum Differenzierten, von Organismen niederer Ordnung zu solchen höherer Ordnung, d.h. vom Einzeller zu einem mit verschiedenen Organen und Funktionssystemen ausgestatteten Organismus. Diese Entwicklung erfordert die Herausbildung von Kommunikationssystemen, die dem Transport von Stoffen, Energie und Informationen dienen.
Von besonderem Interesse ist die Entwicklung der Organsysteme, die unmittelbar (oder mittelbar) den Kontakt zur Umwelt herstellen. Im folgenden sollen die Anpassungsvorgänge, die der Konstanthaltung der Körperflüssigkeiten bezüglich Volumen, Osmolalität und *p*H-Wert, d.h. der Konstanz des die Zelle umgebenden Milieus, dienen, kurz untersucht werden. Da auch in der heutigen Zeit Meer, Süßwasser und Atmosphäre die spezifische Umwelt verschiedener Tierarten bilden, kann die vergleichende Zoologie einige Anhaltspunkte liefern.

3.6.1. Entwicklung der Lungenfunktion

Der Gasaustausch vermittelt vor allem die Aufnahme von Sauerstoff und die Abgabe des Kohlendioxids, des Endproduktes der im Organismus ablaufenden Oxidationsprozesse. Aufgabe der Atmungsorgane ist es, den Gasaustausch zwischen dem Außenmedium (Wasser oder Luft) und dem Innenmedium (Hämolymphe oder Blut) zu gewährleisten. Voraussetzung dafür ist eine dünne Membran, die bei inniger Berührung durch das Außen- und Innenmedium, bei möglichst großer Fläche, den Austausch ermöglicht.

Bei vielen kleinen Wirbellosen kann die gesamte Körperoberfläche ohne besondere Spezialisierung noch die Atmungsfunktion bewältigen. Die Chordatiere bedürfen aber durchweg besonderer Organe, die als Kiemen bei den wasserlebenden und als Lungen bei den luftatmenden Formen bezeichnet werden. Daneben hat auch bei niederen Wirbeltieren der Gasaustausch über die Körperoberfläche noch erhebliche Bedeutung.

Trotz der im ausgebildeten Zustand vorhandenen erheblichen Unterschiede im Bauplan von Kiemen und Lungen besteht jedoch eine ganz wesentliche entwicklungsgeschichtliche Parallele: Es ist die gemeinsame Entstehung aus dem Vorderdarm.

Bei den luftatmenden Wirbeltieren nimmt die Ausbildung der Oberfläche der Lungen mit der steigenden Belastung durch die Steigerung des Stoffwechsels immer mehr zu. Körperoberfläche, Homoiothermie und Arbeitsleistung sind dabei als die wesentlichsten stoffwechselsteigernden Bedingungen zu nennen. In Kiemen und Lungen wird das den Gaswechsel vermittelnde Gewebe vom Blut aufgesucht.

Im Gegensatz dazu leiten die als dritter Typ von Atmungsorganen zu nennenden Tracheen ohne Vermittlung des Blutes die Luft in alle Teile des Körpers.

Entsprechend den Leistungsforderungen an den Stoffwechsel und damit an die Atmung wurde ein leistungsfähiges Transportsystem für Sauerstoff und Kohlendioxid nötig. Es entwickelte sich in der Reihenfolge:

- seewasserähnliches Blut
- Auftreten und Einschluß von Atmungspigmenten
- verstärkte S-Form der O_2-Dissoziationskurve

- größere Pigmentkonzentration
- Auftreten roter Blutkörperchen.

Immerhin ist bemerkenswert, daß die Zusammensetzung des Blutes, besonders im Hinblick auf die Relation der Ionen, auch bei phylogenetisch weit auseinanderliegenden Spezies sehr gut vergleichbar bleibt.

Tabelle 3.1 Relative molare Ionenzusammensetzung des Blutes verschiedener Tiere
(Menge des Natriumions ist jeweils gleich 100)

	$K^{\cdot}$	$Ca^{\cdot\cdot}$
Seewasser (annähernd)	2,16	2,27
Coelenteraten (Hohltiere)		
Aurelia (Qualle)	2,89	2,14
Anneliden (Ringelwürmer)		
Amphitriten	3,20	2,33
Mollusken (Weichtiere)		
Oktopus (Eledone = Tintenfisch)	2,86	2,72
Mytilus (eßbare Muschel)	2,52	2,51
Arthropoden (Gliederfüßler)		
Carcinus (Strandkrebs)	2,32	2,51
Cancer (eßbarer Krebs)	2,22	2,60
Echinodermen (Stachelhäuter)		
Echius (Seeigel)	2,51	2,42
Asterias (Seestern)	1,80	1,95
Pisces (Fische)		
Myxine (Hexenfisch)	1,72	2,24
Lampetra (Neunauge)	2,67	3,27
Amphibien (Lurche)		
Frosch	2,41	1,92
Mammalia (Säugetiere)		
Ratte	4,27	2,14
Mensch	3,51	1,72

Der Gasaustausch, der Eintritt von Sauerstoff in das Blut und der Austritt von Kohlendioxid aus demselben, beruht auf physikalischen Diffusionskräften. Der Durchtritt der Gase durch die dünne Membran der Atmungsorgane erfolgt entsprechend dem Partialdruck der Gase auf beiden Seiten der Wand. Der Grad, in dem Sauerstoff aufgenommen werden kann, wird durch re-

versibel sauerstoffbindende Blutchromogene erhöht. Gegenüber dem physikalisch gelösten Sauerstoff in Säugerblutflüssigkeit ($\sim$0,3 ml O_2/100 ml), vermag Hämoglobin etwa die 60fache Menge ($\sim$18 ml O_2/100 ml Blut) zu binden.
Voraussetzung für den Gasaustausch ist das nötige Diffusionsgefälle an der Atemfläche. Um dieses zu erhalten, müssen Blut und Außenmedium stets gewechselt werden. Den Blutwechsel besorgt der Blutkreislauf, der Wechsel des Außenmediums geschieht durch Atembewegungen. An den Kiemen wird ein Atemstrom vorbeigeführt, der auf mannigfaltige Weise hervorgebracht werden kann. In Lungen und Tracheen wird die Atemfläche der umgebenden Luft nicht frei dargeboten (Totraum). Hier wird die Atemluft durch Hinundherbewegen einer Luftmasse gewechselt und nur ein Teil der Luft bei jedem Atemzug erneuert. Den vollständigsten Luftwechsel über die Atemfläche erzielen dabei die Vögel.

3.6.2. Entwicklung der Niere als Volumen und Osmolalität regulierendes Organ

Die ersten Lebewesen entwickelten sich im Meer. Alle primären Meerestiere waren mit dem sie umgebenden Meerwasser isoton. Für die undifferenzierten Formen genügte zur Aufrechterhaltung ihrer Isotonie, die durch Verbrauch und Abgabe von Wasser durch den Protoplasmastoffwechsel gestört wird, ein gewisser Diffusionsaustausch mit dem Meerwasser. Für die heute im Meer lebenden primitiven Arten besteht das Wesentliche der Nierenfunktion in der Konservierung von Wasser und der Ausscheidung von Salzen. Diese Forderung wird durch eine tubuläre Drüse erfüllt.
Die Entwicklung der Wirbeltiere ging im Süßwasser vor sich. Das Leben im Süßwasser macht bereits eine Osmoregulation erforderlich, da sonst das Salz aus dem Körper der Tiere in das praktisch salzfreie Süßwasser hineindiffundieren würde, wie andererseits Wasser von außen in den Organismus eindringen müßte. Einen gewissen Schutz stellen lebende Membranen der Körperoberfläche dar, effektvoller aber ist die Osmoregulation, die durch die Weiterentwicklung der Nierenfunktion gewährleistet wird. Die erforderliche Funktion der Niere im Süßwasser

besteht in der Ausscheidung von Wasser bei gleichzeitiger Salzretention. Die Ausscheidung großer Wassermengen wird durch die Ausbildung von Glomerula ermöglicht, die Tubuli dagegen sorgen für eine ausreichende Salzretention. Mit Hilfe dieser Regulation kann ein hypoosmotischer Harn abgegeben werden.

Die weitere Entwicklung der Wirbeltiere führt einmal zurück ins Meerwasser, zum anderen auf das Festland. Beispiele für die erstgenannte Entwicklungsrichtung sind die Knorpel- und Knochenfische. Sie sind auf eine effektvolle Wasserkonservierung angewiesen. Bei einigen Arten wird die Hyperosmolalität der Körperflüssigkeiten durch einen erhöhten Blutharnstoffspiegel (bis zu 2000 mg/100 ml) gesichert, bei anderen Arten durch die Rückbildung der Glomerula. Die Rückbildung der Glomerula ist bei den aglomerulären Nieren einiger Fische komplett vollzogen; bei ihnen findet man in der Niere nur noch Tubuli. Diese aglomeruläre Niere ist zur Sekretion verschiedener Stoffe fähig (Wasser, anorganische Elektrolyte, Endprodukte des Eiweißstoffwechsels, wie Harnstoff, Harnsäure, Kreatinin, Kreatin, Fremdstoffe – dagegen nicht zur Ausscheidung verschiedener Kohlehydrate) und ist funktionell analog dem proximalen Tubulus höher entwickelter Tiere.

Die Entwicklung auf dem Festland hatte eine Adaptation an den permanenten Wassermangel als Voraussetzung. Diese Adaptation erfolgte einerseits durch den Einschluß eines definierten Volumens bestimmter Zusammensetzung (Extrazellulärvolumen) in eine praktisch undurchlässige Hülle, andererseits durch die Weiterentwicklung der Niere als des Organs zur Volumen- und Osmoregulation.

Das Leben auf dem Festland bietet für die Volumen- und Osmoregulation die variabelsten Bedingungen. Da die Wasseraufnahme durch das Durstempfinden nur in Richtung Wassermangel gesteuert wird, muß die Niere unter diesen Normalbedingungen fähig sein, dem Organismus Wasser zu erhalten, indem sie einen hypertonen Harn ausscheidet (neue Qualität der Nierenfunktion bei Vögeln und Säugern), und sie muß ebenso in der Lage sein, im Übermaß aufgenommenes Wasser quantitativ auszuscheiden, dies ist durch die Bildung eines hypotonen Harns möglich. Bezüglich der Salzaufnahme liegen ähnliche Bedingungen vor. Je nach Angebot in der Nahrung wird im Darm viel oder wenig Salz aufgenommen. Die Niere muß das im Sinne der Wahrung der Konstanz mit einer vermehrten oder verminderten Salzausscheidung beantworten. Diese vielfältigen möglichen Anforderungen können durch die sinnvolle Zuordnung von Glomerulum- und Tubulusfunktion erfüllt werden.

Aus der Phylogenese läßt sich ableiten, daß das Glomerulum das Organ der Ausscheidung von Wasser, Elektrolyten, Stoffwechselendprodukten u.a. ist, während dem Tubulus die Konservierung von Wasser und Elektrolyten, also die regelnde Funktion bezüglich des Wasser-Elektrolyt-Gleichgewichtes obliegt. Dazu ist bemerkenswert, daß bei niederen Säugern nach Bedarf die Größe des Glomerulumfiltrates variiert werden kann, während bei den hochentwickelten Säugern die Glomerulusfiltration eine ziemlich stabile Funktion ist. Damit fällt die Last der Regelung hauptsächlich auf die Tubuli.

4. Diagnose und Differenzierung von Störungen des Säure-Basen-Gleichgewichtes

4.1. Probleme bei der Diagnostik von Funktionsstörungen

Die Diagnostik eines Krankheitsprozesses sollte die Erkennung des gegenwärtigen Zustands und dessen Entstehungsmechanismus beinhalten. Aus der Charakterisierung des aktuellen Zustands läßt sich die Gefährdung des Patienten und damit die Dringlichkeit der Therapie, aus dem Entstehungsmechanismus die therapeutische Beeinflußbarkeit sowie die Methodik der Therapie ablesen.
Eine pathologisch-anatomische Diagnose läßt meist nicht erkennen, ob und in welcher Weise der Krankheitsprozeß zu Störungen der vitalen Funktionen geführt hat, an denen der Patient schließlich stirbt. Sie genügt also im allgemeinen nicht, um den Zustand des Patienten ausreichend zu charakterisieren und die Folgerungen für die Therapie abzuleiten. Es ist deshalb zweckmäßig, die pathologisch-anatomische Diagnose auf eine Diagnose von Funktionsstörungen zu erweitern. Die Schwierigkeit dieser Art der Diagnosestellung liegt darin, daß die klinischen Zeichen der Störungen vitaler Funktionen – wenigstens am Anfang – uncharakteristisch sind und nur den Verdacht auf eine Störung zulassen. Es ist notwendig, diesen Verdacht durch die Messung geeigneter Parameter – im Falle des Säure-Basen-Gleichgewichtes biochemischer Größen – zu bestätigen oder auszuschließen. Dabei ist zu betonen, daß die chemisch erfaßbaren Daten allein ebenfalls keine Diagnose stellen lassen, sondern daß der Gefährdungszustand des Patienten nur dann richtig erkannt werden kann, wenn die Interpretation dieser Daten im Zusammenhang mit dem klinischen Bild auf der Grundlage eines fundierten Wissens um die pathophysiologischen Vorgänge im Organismus erfolgt.

Bezüglich der Vorstellungen über physiologische und pathophysiologische Abläufe im Säure-Basen-Gleichgewicht muß auf Kapitel 3 verwiesen werden. Hier sollen nur die grundlegenden Erwägungen wiederholt werden, die bei der Diagnostik von Störungen des Säure-Basen-Gleichgewichtes unbedingt angestellt werden müssen.

1. Es gibt keine isolierte Störung des *p*H-Wertes, sondern Störungen des Säure-Basen-Gleichgewichtes sind immer Folgeerscheinungen anderer Erkrankungen. Angriffe auf das Säure-Basen-Gleichgewicht kommen aus mehreren Richtungen und können bei Störungen folgender Funktionssysteme auftreten:
   - der Atmung
   - der Niere
   - des Stoffwechsels
   - des Wasser-Elektrolyt-Gleichgewichtes (einschließlich des Transportsystems).
2. Die Konstanthaltung des *p*H-Wertes rangiert stets nach der von Volumen und Osmolalität.
3. Der *p*H-Wert ist eine resultierende und die geregelte Größe des Säure-Basen-Gleichgewichtes, d.h., er wird erst nach Ausschöpfung aller Regelmöglichkeiten den Norm- oder Sollbereich verlassen. Seine Regelung erfolgt über die Atmung; die Niere hat in bezug auf das Säure-Basen-Gleichgewicht stabilisierende Funktion; die Puffersysteme stellen den unmittelbaren Angriffspunkt der *p*H-Regelung in der wäßrigen Phase des Organismus dar.

4.2. Wertigkeit des klinischen Bildes

Die klinische Erkennung von Störungen des Säure-Basen-Gleichgewichtes ist insofern erschwert oder unmöglich, als definierbaren Störungen keine spezifische und eindeutige Symptomatik zugeordnet werden kann. Vielmehr sind die auftretenden Symptome meist uncharakteristisch und werden von der Symptomatologie der Grunderkrankung überlagert.
Trotzdem ist die Klinik für die Diagnose einer Störung des Säure-Basen-Gleichgewichtes unentbehrlich. Ihre Bedeutung liegt in zwei wesentlichen Punkten:

1. läßt sich aus Anamnese und klinischem Befund meist die Primärerkrankung, die zur Störung des Säure-Basen-Gleichgewichtes führen kann, erkennen und damit die Indikation zur Bestimmung des Säure-Basen-Status stellen
2. liefert nur eine exakte Anamnese (frühere Erkrankungen, aktuelle Beschwerden) Angaben über den Hergang einer Störung. Diese sind für die einzuschlagende Therapie, die auf die Beseitigung der Störung und aller Nachfolgestörungen gleichzeitig gerichtet sein muß, unumgänglich notwendig. Häufig ist auch aus Anamnese und Befund das mögliche Ausmaß einer Störung abzuschätzen.

4.3. Informationsgehalt der Parameter des Säure-Basen-Gleichgewichtes

Die chemische Erfassung des Säure-Basen-Gleichgewichtes ist zum gegenwärtigen Zeitpunkt routinemäßig nur in Blutproben möglich. Mit Hilfe der Astrup-Technik stehen als Meßwerte der *p*H-Wert, der pCO_2 und der Basenüberschuß mit definierten Bereichen zur Verfügung.

Der *p*H-Wert gibt summarisch die Lage des Gleichgewichtes an. Liegt er im Normbereich, so ist aus der alleinigen *p*H-Messung keine Aussage darüber möglich, ob und in welchem Umfang Regelvorgänge abgelaufen sind. Liegt er außerhalb dieses Bereiches, so ist die volle oder möglicherweise schon eingeschränkte Leistung der Regulationsorgane erschöpft, d.h., der *p*H-Wert gibt das Ausmaß der akuten Gefährdung an. Das Auswandern des *p*H-Wertes in den sauren oder alkalischen Bereich wird als Azidose oder Alkalose bezeichnet.

Der pCO_2 und der Basenüberschuß geben Auskunft über die Größe der Störung bzw. über den Grad des Regulationsaufwandes. Aus pathologisch veränderten Werten kann die Bezeichnung respiratorisch oder nichtrespiratorisch zur näheren Charakterisierung von Azidose oder Alkalose nicht abgeleitet werden, da aus dem Laborergebnis nicht ersichtlich ist, welcher Wert für die Störung und welcher für abgelaufene Regelvorgänge repräsentativ ist. Diese Zuordnung ist nur durch die zusammenfassende Deutung der gemessenen Parameter mit der Klinik möglich.

Der Begriff Kompensation[1] als Bezeichnung für einen Zustand, der durch verschobene $p\mathrm{CO}_2$- und BÜ-Werte bei normalem pH-Wert repräsentiert wird, sollte aufgegeben werden, da er dem Konzept der Regelung des pH-Wertes widerspricht. Denn in der Kompensation von Störungen liegt ja die eigentliche Aufgabe eines Regelsystemes und dieses Ziel ist erreicht, wenn der Sollwert (pH) im vorgegebenen Bereich liegt.
Grundsätzlich ist bei der Interpretation der Parameter des Säure-Basen-Status zu bedenken, daß sie nur an einer Blutprobe in vitro gemessen werden, d.h. einem Anteil des Gesamtblutvolumens, das seinerseits wieder den geringeren Anteil des gesamten Extrazellulärvolumens darstellt. Daraus ergibt sich, daß die gemessenen Werte nicht ohne weiteres für das Extrazellulärvolumen repräsentativ sind. Eine besondere Bedeutung kommt dieser Schlußfolgerung bei primär respiratorischen Störungen zu. SCHWARTZ und Mitarbeiter [4.1] fanden in Untersuchungen über die CO_2-Titrationskurve unter in vivo und in vitro Bedingungen bei gleichen $p\mathrm{CO}_2$-Erhöhungen in vivo niedrigere Hydrogenkarbonatwerte als in vitro. Dieses Versuchsergebnis kann damit erklärt werden, daß bei $p\mathrm{CO}_2$-Erhöhungen in einer Blutprobe das in den Erythrozyten vorhandene Hämoglobin Wasserstoffionen bindet. Dadurch wird das Verhältnis von Wasserstoffionen zu Hydrogenkarbonationen in dem vorgegebenen Probevolumen zugunsten des Hydrogenkarbonations geändert. Im Organismus geht zwar prinzipiell der gleiche Vorgang vonstatten, das überschüssige Hydrogenkarbonation verteilt sich aber auf das gesamte Extrazellulärvolumen, so daß die gemessene Hydrogenkarbonationenerhöhung in vivo zwangsläufig geringer sein muß (vgl. Abschnitt 6.8.4.).
Des weiteren ergibt sich aus der nichtquantitativen Übertragbarkeit der Meßergebnisse auf das Extrazellulärvolumen, daß quantitative Angaben zur Therapie – etwa in Form berechneter mval Säure oder Base, die zuzuführen wären – nicht statthaft sind.
Außerdem ist zu bedenken, daß die Bestimmungen des Säure-Basen-Status des Blutes immer nur Momentaufnahmen eines Ablaufes sind.

[1] Die Regelung des pH-Wertes erfolgt über die Beeinflussung des Verhältnisses $\mathrm{HCO}_3'/p\mathrm{CO}_2$. Ein wiedereingeregelter pH-Wert bedeutet deshalb nicht Beseitigung der Störung.

Zusammenfassend kann der Wert der Bestimmung des Säure-Basen-Status in folgenden Punkten gesehen werden:

1. Bestätigung des klinisch geäußerten Verdachts
2. Angabe über die akute Gefährdung, den Regelaufwand bzw. die Erschöpfung der Regelmechanismen
3. Abschätzung der therapeutischen Notwendigkeit, wobei von der Klinik Richtung und Methodik der Therapie festgelegt werden
4. Kontrolle des therapeutischen Effektes.

4.4. Säureausscheidung der Niere

Die Wasserstoffionenbildung und -ausscheidung ist eine der wesentlichen Funktionen der Niere. Sie ist nur bedingt für die Elimination der im Intermediärstoffwechsel anfallenden Säuren notwendig. Den größten Anteil an diesen Säuren stellt das flüchtige CO_2, das über die Atmung ausgeschieden werden kann. Die in wesentlich geringerer Menge anfallenden nichtflüchtigen Säuren werden mittels der *p*H-Regelung unter Verbrauch von Hydrogenkarbonat *p*H-unwirksam gemacht. Die zurückbleibenden nichtflüchtigen Säurerestanionen können aber ebensowenig über die Lunge ausgeschieden werden, wie die *p*H-Regelung in der Lage ist, das bei der Transformation einer nichtflüchtigen in eine flüchtige Säure verbrauchte Hydrogenkarbonat zu ersetzen. Diese beiden Aufgaben fallen ohne Einschränkung der in der Flüssigphase des Organismus arbeitenden Niere zu.

Da die Niere zunächst nur dem Gesetz der Elektroneutralität verpflichtet ist, wäre es theoretisch denkbar, daß die Säurerestanionen zusammen mit den sie im Extrazellulärvolumen begleitenden Kationen – größtenteils Natriumionen, in geringerer Menge auch Kaliumionen – ausgeschieden werden. Unter solchen Bedingungen wären aber die Konstanz der Osmolalität gefährdet (die austauschbaren Körpervorräte an Natriumionen und Kaliumionen wären nach etwa einer Woche erschöpft) und die Hydrogenkarbonatbildung unmöglich. Es muß also in der Niere ein Mechanismus existieren, der folgende Forderungen erfüllt:

1. Trennung der Ausscheidung der aproten Kationen von der der Säurerestanionen durch die Bildung von organischen Ersatzkationen

2. Ausscheidung der Säurerestanionen
3. Hydrogenkarbonatbildung.

Die Vorgänge, die diese Forderungen erfüllen können, sind die Wasserstoffionen- und Hydrogenkarbonationenbildung aus Kohlendioxid und Wasser in der Tubuluszelle sowie der Austausch von Natriumionen gegen Wasserstoffionen und Kaliumionen. Damit sind auch die Faktoren gegeben, die bei intaktem Mechanismus die Wasserstoffionenbildung und -ausscheidung beeinflussen:

1. Mangel an aproten Kationen
2. vermehrter Anfall an Säurerestanionen
3. Mangel an Hydrogenkarbonat.

Da dem Vorliegen von Wasserstoffionen durch den maximal möglichen *p*H-Gradienten zwischen Tubuluszelle und Harn Grenzen gesetzt sind, muß ein Teil der gebildeten Wasserstoffionen *p*H-unwirksam gemacht werden. Das geschieht durch Bindung an Puffer (Phosphat, Kreatinin, Aminosäuren, unter bestimmten Bedingungen auch β-Oxybutyrat, Azetazetat) und durch Bindung an das in den Tubuluszellen gebildete Ammoniak.
Die biochemischen Parameter, die gegenwärtig zur Beurteilung der Säureausscheidung der Niere herangezogen werden, sind der Harn-*p*H-Wert, die titrierbare Azidität und die Ammoniumausscheidung.
Voraussetzung für die exakte Bestimmung dieser Größen ist die Verwendung frischen unzersetzten Harns. Sollen die Bestimmungen im 24-Stunden-Harn vorgenommen werden, ist der Zusatz eines Konservierungsmittels[1] unerläßlich. Die Konservierung verhindert die Spaltung des Harnstoffs in Ammoniak und Kohlendioxid durch ureaseproduzierende Bakterien, die zu einer Alkalisierung des Harns führt. Bei sehr schweren Harnwegsinfekten, bei denen es bereits in den ableitenden Harnwegen zu einer Zersetzung des Harns kommt, kann die Beurteilung der Säureausscheidung unmöglich sein.
Der Harn-*p*H-Wert ist das Maß für die aktuelle Azidität. Es werden damit alle frei dissoziierten Wasserstoffionen erfaßt,

[1] Nach DAB 7 (D.L.) ist eine Konservierung mit 5,0 ml Thymol-RL (10,0 g Thymol werden in iso-Propanol zu 100,0 ml gelöst) zum ersten ausgeschiedenen Harn geeignet.

deren Menge vom Dissoziationsgrad, d.h. von der Stärke der vorliegenden Säuren abhängig ist. Der Harn-pH-Wert stellt sich als Ergebnis des Zusammenwirkens aller ausgeschiedenen schwachen Säuren und ihrer Salze ein, deren je Zeiteinheit ausgeschiedene Menge von der Niere den vorgegebenen Bedingungen angepaßt wird. Der Wert der Messung einer Verhältniszahl in Abfallprodukten des Organismus ist insofern problematisch, als Verhältnisse nur im Organismus selbst geregelte Größen sind, während sie in den Ausscheidungsprodukten eben Folge der absolut ausgeschiedenen Mengen der an dem Verhältnis beteiligten Partner sind. Der Harn-pH-Wert ist deshalb diagnostisch nur bei Extremwerten verwendbar und läßt dann einen Rückschluß auf die Intensität der Regulationsvorgänge in der Niere zu.

Die Bestimmung der titrierbaren Azidität und der Ammoniumionenausscheidung lassen eine Aussage über die Kapazität der Säureausscheidung zu.

Durch die titrierbare Azidität werden die aus den Puffern dissoziierbaren Wasserstoffionen erfaßt. Sie ist damit abhängig von der Säurekonzentration, nicht von der Säurestärke bzw. dem Dissoziationsgrad. Als Summationsgröße ist die titrierbare Azidität auch mit den Nachteilen solcher Größen behaftet, d.h., ihre Messung läßt unter spezifischen Bedingungen nicht erkennen, durch welche Säuren sie gebildet wird und wie groß deren jeweiliger Anteil an der Gesamtsumme ist. Für den Normalfall zeigt sie eine positive Korrelation zur ausgeschiedenen Phosphatmenge. Sie wird zu etwa zwei Drittel vom Phosphat, zu etwa ein Drittel von organischen Säuren gebildet. Während der Phosphatanteil ziemlich konstant ist, kann diese Relation bei Säurebelastung (z.B. Diabetes mellitus) stark zugunsten der organischen Säuren verschoben sein. Deshalb wäre es unter solchen Bedingungen besser, die absolut ausgeschiedenen Mengen der einzelnen Partner zu ermitteln. Der Normalwert für die titrierbare Azidität liegt bei 10–30 mval/die (4.2). Werte über 50 mval sprechen für Säurebelastung oder eine metabolische Azidose. Erniedrigte Werte findet man bei metabolischer Alkalose, aber auch bei der renalen Azidose.

Die Ammoniumionenausscheidung übersteigt quantitativ immer die titrierbare Azidität. Normalerweise liegt sie in der Größenordnung von 20–50 mval/die (4.2). Bezüglich der Wasserstoffionenausscheidung der Niere macht die Bestimmung der Ammoniumionenausscheidung die eindeutigste Aussage, weil eben die ausgeschiedene Menge eines bestimmten Stoffes gemessen wird. Auch hier sprechen erhöhte Werte für Säurebelastung oder metabolische Azidose, erniedrigte Werte für metabolische Alkalose oder für renale Azidose.

Bei der Interpretation pathologisch veränderter Werte für die titrierbare Azidität und Ammoniumionenausscheidung ist stets daran zu denken, daß sie aufgrund der Ionenaustauschvorgänge in der Niere auch durch Störungen des Elektrolytgleichgewichtes verursacht sein können. Zur Differenzierung ist deshalb die Bestimmung der ausgeschiedenen Menge an Natriumionen, Kaliumionen und Chloridionen unerläßlich.

Der Bestimmung des Hydrogenkarbonats im Harn wird immer wieder wesentliche Bedeutung eingeräumt. Das in üblichen Harnproben bestimmte Hydrogenkarbonat stellt sich jedoch als Ergebnis des pH-Wertes und des pCO_2 ein.

Damit ist der ermittelte Wert keinesfalls repräsentativ für die primär erfolgte Ausscheidung von Hydrogenkarbonationen (vgl. Abb. 4.1).

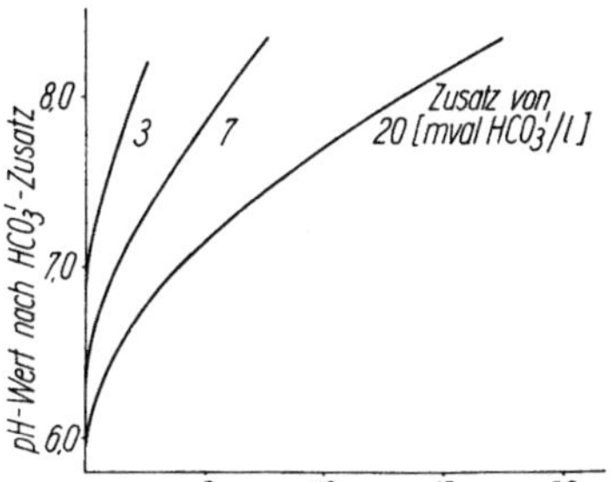

4.1 Wiederfindung von Hydrogenkarbonat in Abhängigkeit vom Harn-pH-Wert

Interessant sind allenfalls massive Erhöhungen der Hydrogenkarbonatausscheidung. Diese Erhöhungen findet man dann allerdings als negative titrierbare Azidität.

Die Bestimmung von Ammoniumausscheidung und titrierbarer Azidität sowie der Ausscheidung von Natriumionen, Kaliumionen und Chloridionen lassen somit eine ausreichende Beurteilung des Elektrolyt- und Wassergleichgewichtes zu. Eine zusätzliche Bestimmung des Hydrogenkarbonats ist aus diesem Grunde und wegen der Unsicherheiten bei der Bestimmung nicht notwendig.

4.5. Diagnostik der respiratorischen Störungen

Respiratorische Störungen des Säure-Basen-Gleichgewichtes sind durch klinischen Befund und Säure-Basen-Status des Blutes relativ einfach zu erkennen. Zur Klärung der Frage, ob außer der respiratorischen zusätzlich eine nichtrespiratorische Störung vorliegt, bieten die von SCHWARTZ und Mitarbeiter [4.1] definierten Signifikanzbänder für die Beziehung $p\mathrm{CO_2}/p\mathrm{H}$-Wert (Abb. 4.2) und $p\mathrm{CO_2}/\mathrm{HCO_3'}$ (Abb. 4.3) mit einem Wahrscheinlichkeitsbereich von 95 % eine wertvolle Hilfe.

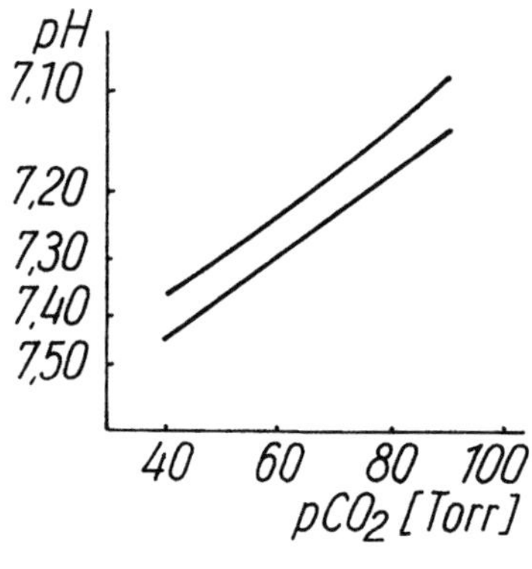

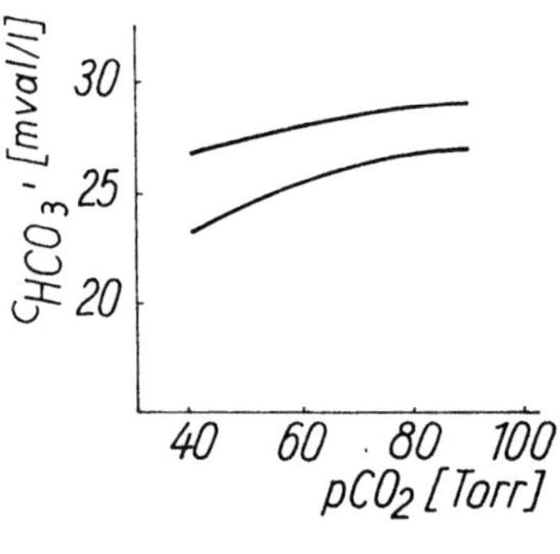

4.2 Signifikanzbereich für $p\mathrm{CO_2}/p\mathrm{H}$-Wert nach SCHWARTZ et al.

4.3 Signifikanzbereich für $p\mathrm{CO_2}/\mathrm{HCO_3'}$ nach SCHWARTZ et al.

Liegen die gemessenen pH- bzw. Hydrogenkarbonatwerte außerhalb der Signifikanzbänder, handelt es sich mit großer Wahrscheinlichkeit um die Kombination einer respiratorischen mit einer nichtrespiratorischen Störung.

4.6. Differenzierungsmöglichkeiten der nichtrespiratorischen Störungen

Die Angriffe bei nichtrespiratorischen Störungen kommen aus verschiedenen Richtungen, das macht eine differenzierte Therapie erforderlich. Zwar kann bei entsprechenden Kenntnissen der Pathophysiologie aus der Zusammenschau von Klinik und Säure-Basen-Status des Blutes im allgemeinen die momentane Gefährdung des Patienten, deren vermutliche Ursache sowie die zweckmäßige Richtung der Therapie abgeleitet werden. In manchen Fällen kann aus diesen Befunden nicht auf die Ursache der Störung geschlossen werden, so daß dann natürlich auch die einzuschlagende Therapie offen bleibt. Des weiteren kann aus Klinik und Säure-Basen-Status niemals der therapeutische Aufwand abgeschätzt werden, der erforderlich ist, um den Regelmechanismen wieder ausreichende Arbeitsbedingungen zu bieten. Aus diesen Gründen ist eine Präzisierung des Ausmaßes der Störung und deren Ursache durch die Erfassung weiterer biochemischer Größen unbedingt anzustreben. Außerdem ist die quantitative Erfassung der gestörten Größen und deren Veränderung unter der Therapie als Kontrolle des therapeutischen Effektes in jedem Falle erforderlich.

Die *Zusatzdiagnostik*, die bei akuten Zuständen gleichzeitig mit der klinischen Untersuchung und dem Säure-Basen-Status erfolgen sollte, richtet sich auf die Erfassung von Größen, die Störfaktoren für das Säure-Basen-Gleichgewicht darstellen, d.h. also auf

- Störungen des Extrazellulärvolumens
- Störungen der Osmolalität
- Störungen des Elektrolytgleichgewichtes
- Stoffwechselentgleisungen.

Das Labor bietet zur Erfassung biochemischer Werte, die für die genannten Funktionen in mehr oder weniger großem Umfang repräsentativ sind, die folgenden Möglichkeiten.

4.6.1. Erfassung von Störungen des Extrazellulärvolumens

Zur Beurteilung des Extrazellulärvolumens können die Bestimmungen der Metabolite des Eiweißstoffwechsels im Serum und des Hämatokrits beitragen.

Die derzeit wohl gebräuchlichste Methode zur Bestimmung der Stickstoffmetabolite ist der Harnstoff-N. Die Verringerung des Extrazellulärvolumens behindert die Funktion der Niere und führt zur Retention harnpflichtiger Substanzen. Ein erhöhter Harnstoff-N-Wert beinhaltet den Verdacht auf eine Funktionsbehinderung der Niere durch Volumenmangel. Im Verlauf und im Zusammenhang mit der Klinik können erhöhte Harnstoff-N-Werte einen Wassermangel sichern. Werte bis zu 100 mg/100 ml sind dabei keine Seltenheit, höhere Werte sprechen für eine organische Nierenschädigung oder die Kombination beider Störungen.

Bei der Interpretation eines erhöhten Harnstoff-N ist zu berücksichtigen, daß er auch durch Zellzerfall oder -abbau im Organismus verursacht werden kann. Die entsprechenden Werte liegen in einer Größenordnung bis zu etwa 40 mg/100 ml und zeigen bei normaler Nierenfunktion abfallende Tendenz. Eine weitere Ursache für erhöhte Harnstoff-N-Werte ist durch die Leistungsbeschränkung bzw. den Leistungsverlust infolge morphologischer Veränderungen der Niere gegeben. Hier zeigen die Werte quantitativ das Ausmaß der Leistungseinschränkung an. Außerdem ist zu bedenken, daß die verschiedenen Ursachen möglicherweise gleichzeitig oder in Abhängigkeit voneinander vorliegen und ihre Auswirkungen auf die Retention harnpflichtiger Substanzen sich dann überlagern können (z. B. Leistungseinschränkung der Niere bei chronischer Pyelonephritis → Volumenmangel → Funktionsbehinderung der Niere und gleichzeitig weitere Funktionseinschränkung).

Analoge Informationen liefert die Bestimmung des Kreatinins im Serum. Beide Methoden unterscheiden sich hinsichtlich der Erfassung harnpflichtiger Stickstoffmetabolite nicht wesentlich voneinander. Bei entsprechenden Voraussetzungen sollte der empfindlicheren Kreatininbestimmung der Vorzug gegeben werden. Die Retention von Kreatinin beginnt bereits bei einer Verminderung des Glomerulumfiltrates auf unter 70 ml/min, während der Harnstoff-N erst bei einem Glomerulumfiltrat unter 30 ml/min retiniert wird.

Der Hämatokrit ist eine Größe, die den relativen Anteil von Erythrozyten und Plasma am Intravasalvolumen angibt. Da sich der Wasseranteil des Intravasalvolumens bei Veränderungen des Extrazellulärvolumens in gleicher Richtung verändert, bedeutet

ein niedriger Hämatokrit Zunahme des Extrazellulärvolumens, ein hoher Hämatokrit Abnahme des Extrazellulärvolumens – allerdings nur unter der Bedingung, daß der Erythrozytenanteil des Intravasalvolumens zwischen den Messungen gleich geblieben ist. Veränderungen des Anteils an Erythrozyten, z.B. bei Anämie oder Polyzytämie, können den Hämatokrit so verändern, daß sein Wert für die Anzeige von Volumenänderungen erheblich eingeschränkt wird. Verlaufskontrollen können aber auch unter solchen Umständen gewisse Hinweise geben.
Zur Wertung beider Methoden (Hämatokrit, Harnstoff-N bzw. Kreatinin) ist zu sagen, daß dem Nachweis der Retention von N-Substanzen ein erheblich größerer diagnostischer Wert beizumessen ist, da diese viel konstanter mit der Verkleinerung des Extrazellulärvolumens einhergeht. Mit Hilfe des Hämatokrits ist eine so sichere Zuordnung nicht möglich.
Für die Routinediagnostik sind die nicht unproblematischen direkten Bestimmungen des Extrazellulärvolumens mittels der Verteilung bestimmter Stoffe zu aufwendig.

4.6.2. Erfassung von Störungen der Osmolalität

Da die Osmolalität der Körperflüssigkeiten mit Hilfe des Natriums geregelt wird, kann sie indirekt durch Messung der Serum-Natrium-Konzentration abgeschätzt werden. Bei normalen Werten kann man zunächst schlußfolgern, daß die Osmolalität mit großer Wahrscheinlichkeit ebenfalls im Normbereich liegen wird. Aus einem normalen Serumnatrium ist aber nicht ersichtlich, in welchem Ausmaß zur Erhaltung der Osmolalität Regelvorgänge ablaufen. Bei intakter Nierenfunktion läßt nur die Menge des innerhalb einer gewissen Zeit ausgeschiedenen Natriums eine Aussage darüber zu. Wurde beispielsweise die Osmolalität durch ein erhöhtes Natriumangebot oder durch andere beeinflussende Größen (Glukose, Harnstoff), Volumenverminderung) gestört, wird viel Natrium im Harn ausgeschieden werden. Wurde sie durch Verminderung des Natriumangebots oder durch Vergrößerung des Wasservolumens gefährdet, wird entsprechend weniger Natrium im Harn vorliegen. Beim Leistungsverlust der Niere, des Stellglieds der Regelung der Osmolalität (z.B. Salzverlustniere bei chronischer Pyelonephritis), sind aus der Na-

triumausscheidung keine Rückschlüsse auf den Regelaufwand mehr möglich.
Die Osmolalität der Körperflüssigkeiten wird durch Erhöhung der Konzentrationen von Glukose und Harnstoff maßgeblich beeinflußt. Unter solchen Bedingungen gestattet die Bestimmung der Natriumkonzentration im Serum keine sicheren Angaben über die Osmolalität. Deshalb sollte in diesen Fällen direkt die Osmolalität bestimmt werden.

4.6.3. Erfassung von Störungen des Elektrolytgleichgewichtes

Störungen des Elektrolytgleichgewichtes können prinzipiell durch Bestimmung der Elektrolytkonzentration im Serum sowie der im Harn je Zeiteinheit ausgeschiedenen Elektrolytmenge erfaßt werden. Zur Wertigkeit beider Methoden ist grundsätzlich zu sagen, daß in den meisten Fällen die Menge der ausgeschiedenen Elektrolyte umfangreichere Erkenntnisse über den pathophysiologischen Ablauf einer Störung vermitteln kann als die Bestimmung der Serumkonzentrationen. Die Leistung der Niere besteht ja gerade darin, die Ausscheidung den gestellten Forderungen anzupassen und zielt auf die Erhaltung der Elektrolytkonzentration der verschiedenen Flüssigkeitsräume des Organismus hin. Daraus ergibt sich zwangsläufig, daß bei Störungen immer zuerst die renale Ausscheidung verändert wird; erst wenn die Niere zu entsprechenden Leistungen nicht mehr in der Lage ist, werden sich die Serumkonzentrationen ändern. Dem könnte entgegengehalten werden, daß die Niere ein relativ langsam arbeitendes Organ ist und somit nicht geeignet sei, akute Störungen ausreichend schnell, d.h. mit Konsequenz für die Therapie, anzuzeigen. Dieser Einwand ist berechtigt, kann aber weitgehend entkräftet werden, da Gleichgewichtsstörungen des Wasser-Elektrolyt-Gleichgewichtes in den seltensten Fällen ganz akut ablaufen, sondern zur vollen Entfaltung meistens einige Tage benötigen.
Die Bestimmung der Serumelektrolytkonzentration ist insofern wertvoll, als sie sowohl bei akuten als auch bei chronischen Störungen das Ausmaß der aktuellen Gefährdung und damit die Dringlichkeit der Therapie anzeigt.
Besondere Kritik kommt der Serum-Kalium-Konzentration zu.

Aufgrund der Tatsache, daß das Kalium das Hauptkation des Intrazellulärraums ist, ist die Serumkonzentration von vornherein nicht besonders geeignet, Angaben über Störungen des Kaliumhaushalts zu machen. Relativ sichere Aussagen lassen erhöhte Serumkonzentrationen zu, die meist durch das Zusammentreffen von massivem Gewebszerfall und gleichzeitiger Funktionsbehinderung der Niere verursacht werden. Weit weniger gut läßt sich ein Kaliummangel aus den Serumwerten ableiten, da von den Zellen bis zu einer gewissen Grenze ständig Kalium nachgeliefert werden kann. Erst bei hochgradigen Mangelzuständen sinkt die Serumkonzentration ab. Ein Kaliummangel läßt sich wesentlich besser aus der im Harn ausgeschiedenen Menge erkennen.

Bei bestimmten Krankheitsbildern, die mit Elektrolytverteilungsstörungen zwischen Intrazellulärvolumen und Extrazellulärvolumen einhergehen, ist die Bestimmung der Kaliumkonzentration im Serum allerdings von großem Wert. Ein Beispiel dafür ist die diabetische Ketoazidose, bei der es aufgrund der Azidose trotz vermehrt ausgeschiedenem Kalium zu einer Hyperkaliämie bei gleichzeitigem Kaliummangel in den Zellen kommt. Die Insulintherapie führt mit dem Absinken des Blutzuckers zu einem Kaliumeinstrom in die Zellen und damit möglicherweise zu bedrohlichen Hypokaliämien, die unverzüglich ausreichenden Kaliumersatz erfordern.

Bei der Interpretation der Serum-Chlorid-Werte ist zu berücksichtigen, daß Chlorid und Hydrogenkarbonat sich im Extrazellulärvolumen in gewisser Weise stellvertreten können. So kann beispielsweise ein erniedrigter Chloridwert sowohl beim Chloridmangel als auch beim Hydrogenkarbonatüberschuß (metabolische Alkalose) vorliegen. Wesentlich ist dieser Sachverhalt bei der metabolischen Alkalose durch Chloridmangel (gastrale Alkalose). Man findet hierbei eine verringerte Chloridkonzentration sowie eine erhöhte Hydrogenkarbonatkonzentration im Serum. Die Leistung der Niere besteht in der Erhaltung dieses kompensierten Zustands, d.h., es wird wenig Chlorid im Harn vorliegen, in der Tubuluszelle aber vermehrt Hydrogenkarbonat gebildet werden. Das Ausmaß der Störung läßt sich unter diesen Umständen in gleicher Weise aus den Serumkonzentrationen wie aus der Chloridausscheidung beurteilen, da diese Größen nicht einer Regelung durch die Niere unterliegen.

4.6.4. Erfassung von Stoffwechselentgleisungen

Die beiden wesentlichen Stoffwechselentgleisungen, die zu Störungen des Säure-Basen-Gleichgewichtes führen können, sind der Diabetes mellitus und die Laktatazidose.
Der Diabetes mellitus, dessen Diagnose klinisch nur als Verdacht geäußert werden kann, ist durch die Bestimmung von Blutglukose, Harnglukose, Azetonausscheidung sowie der quantitativen Säureausscheidung biochemisch gut zu belegen und im Ausmaß abzuschätzen.
Die Laktatazidose, die durch periphere Hypoperfusion mit Hypoxie infolge Kreislaufinsuffizienzen verschiedener Genese verursacht wird, ist anhand klinischer Symptome nicht zu erkennen. Ihre Diagnose ist nur durch die Bestimmung der Laktatkonzentration im Blut oder Serum im Zusammenhang mit dem Säure-Basen-Status des Blutes zu stellen.
Zur Einschätzung der Stoffwechselbedingungen des Organismus kann die Bestimmung des arteriellen pO_2 wesentlich beitragen.

4.7. Plan des diagnostischen Vorgehens bei nichtrespiratorischen Störungen

1. Sorgfältige Erhebung der Anamnese
   - frühere Anamnese: durchgemachte Erkrankungen der Regulationsorgane, die evtl. bleibende Schäden hinterlassen haben, z.B. chronische Bronchitis, chronische Pyelonephritis
   - Stoffwechselerkrankungen: Diabetes mellitus
   - aktuelle Beschwerden: Erbrechen (Menge, Häufigkeit, Dauer), Blutverluste, Durchfälle, Urinausscheidung, Fistelabsonderungen, verordnete Medikamente (z.B. Diuretika)
2. Klinischer Befund
   - Atmung: Atemtiefe, Atemfrequenz, Atemtyp, Zyanose, Dyspnoe
   - Volumen: Puls, Venenfüllung, kapilläre Wiederauffüllung, zentraler Venendruck, Hautturgor, Beschaffenheit der Schleimhäute, Ödeme, Blutdruck
   - Niere: Harnmenge, spezifisches Gewicht

3. Labor

Lassen Anamnese und klinischer Befund den Verdacht auf die Störung eines oder mehrerer Funktionssysteme zu, die zu irgendeinem Zeitpunkt zwangsläufig Störungen des Säure-Basen-Gleichgewichtes verursachen, sollten zur Bestätigung des Verdachtes und zur Präzisierung des Ausmaßes der Störung die für die in Frage kommenden Funktionssysteme repräsentativen Parameter bestimmt werden. Die Bestimmung des Säure-Basen-Status des Blutes sollte bei jedem Verdacht auf eine Störung des Säure-Basen-Gleichgewichtes gleichzeitig veranlaßt werden.

4. Diagnose

Unter Berücksichtigung des Faktors Zeit und der Kausalzusammenhänge ist durch Zuordnung von Anamnese, klinischem Befund und Laborergebnissen zueinander die Formulierung einer differenzierten Diagnose möglich. Aus dieser Diagnose läßt sich die Dringlichkeit der Therapie sowie deren Methodik ableiten. Damit ist der möglicherweise große diagnostische Aufwand voll gerechtfertigt.

4.8. Terminologie der Störungen des Säure-Basen-Gleichgewichtes

Da der *p*H-Wert die geregelte Größe des Säure-Basen-Gleichgewichtes ist, erscheint es folgerichtig, die Bezeichnung der Störungen vom gemessenen *p*H-Wert des Blutes, der in gewisser Weise den *p*H-Wert des Extrazellulärvolumens repräsentiert, abzuleiten. Eine Verschiebung des Gleichgewichtes nach der sauren Seite ($p\text{H} < 7{,}36$) nennt man Azidose, eine Verschiebung nach der alkalischen Seite ($p\text{H} > 7{,}44$) Alkalose.

Die mit Hilfe von Anamnese und klinischem Befund erfaßbare Ursache einer Störung kann im Falle der Azidose durch die Termini respiratorisch und nichtrespiratorisch, letzterer läßt sich dabei in die Bezeichnungen metabolisch und renal untergliedern, definiert werden. In gleicher Weise kann die Alkalose durch die Attribute respiratorisch und metabolisch ursächlich charakterisiert werden. Der Wert dieser weit verbreiteten Zusatzbezeichnungen für die Diagnose ist insofern eingeschränkt,

als sie der Tatsache, daß Störungen des Säure-Basen-Gleichgewichtes immer sekundäre Erscheinungen sind, nur pauschal gerecht werden.
Eine differenzierte Diagnose, die den Gesamtablauf der Erkrankung eines bestimmten Patienten berücksichtigt, sollte in der Erfassung

- der Primärerkrankung
- der durch die Primärerkrankung ausgelösten Folgestörungen, die den Störungen der vitalen Funktionen entsprechen (im speziellen Falle des *p*H-Wertes) und
- des Schweregrades der Folgestörungen (leicht, mäßig, schwer entsprechend dem Maß der *p*H-Wert-Abweichung vom Normbereich)

entsprechen.
Diese Diagnosen können beispielsweise so formuliert werden:

- Status asthmaticus mit schwerer (respiratorischer) Azidose
- Coma diabeticum mit mäßiger (metabolischer) Azidose
- chronische Pyelonephritis mit leichter (renaler) Azidose oder
- Pylorusstenose mit schwerer (metabolischer) Alkalose.

Durch die Definition der Primärerkrankung ist die Angriffsrichtung auf den *p*H-Wert ausreichend festgelegt, so daß sich die in Klammern gesetzten Beifügungen erübrigen.
Der Regelaufwand zur Sicherung des *p*H-Wertes im Extrazellulärvolumen kann an den Werten für pCO_2 und Basenüberschuß abgelesen werden. Bei normalem *p*H-Wert kann aus der isolierten Betrachtung der veränderten Nebenwerte (pCO_2, BÜ) kein Rückschluß auf die Richtung der Störung gezogen werden. Begriffe wie „kompensierte" Azidose oder Alkalose (= normaler *p*H-Wert, veränderte Nebenwerte) sind nicht berechtigt, weil

- ein normaler *p*H-Wert die Verwendung der Termini Azidose oder Alkalose nicht erlaubt und
- eine bestimmte Konstellation der Säure-Basen-Größen grundsätzlich zwei Interpretationsmöglichkeiten zuläßt (z. B. „kompensierte" metabolische Alkalose oder „kompensierte" respiratorische Azidose).

Bei chronischen strukturellen Veränderungen eines der Organe, die an der Sicherung des Säure-Basen-Gleichgewichtes beteiligt sind (z.B. chronische Bronchitis oder chronische Pyelonephritis), stellt sich aufgrund der Mehrleistung des anderen Organs ein neues Säure-Basen-Gleichgewicht ein. Diese Neueinstellung sichert den *p*H-Wert über die Zeit durch Veränderung von pCO_2 und Basenüberschuß. Solange sich der *p*H-Wert im Normbereich befindet, können solche verstellten Gleichgewichte nicht als Störungen des Säure-Basen-Gleichgewichtes bezeichnet werden. Sie entsprechen aber einem *Verlust der Mitte* und sind damit in ihrer Toleranz gegenüber weiteren Angriffen auf den *p*H-Wert eingeengt.

5. Therapie der Störungen des Säure-Basen-Gleichgewichtes

5.1. Prinzipien der Therapie

Das Wesen jeder Therapie ist die Beseitigung von Störungen im Organismus durch äußere Hilfe.
Voraussetzung für eine zielgerichtete Therapie ist die Erkennung (Diagnose) und die Wertung von Ursachen und Folgen im Krankheitsgeschehen.
Trotz der Forderung nach *kausaler* Therapie darf nicht verkannt werden, daß meist die Existenzbedrohung in den Folgen liegt. Der *Frontverlauf* der Krankheit kann lebenswichtige Bereiche (Funktionssysteme) unmittelbar gefährden.
In diesem Sinne sind Ursache und Wirkung zu werten und die therapeutische Strategie zuerst auf die gefährlichsten *Angriffsspitzen* zu richten, um die Existenzbedrohung abzuwenden und Zeit wie Möglichkeit zum Angehen der Ursache zu gewinnen. Für die Wertung des *Frontverlaufes* einer Erkrankung ist die Einordnung des Gefährdungsgrades der Funktionssysteme notwendig.
BAUR hat mit seiner thanatogenetischen Betrachtungsweise – um therapeutische Konzepte zu gewinnen – neben der Vordergründigkeit der Folgen (Komplikationen) drei Elementarfunktionen erkannt:

1. die Atmung
2. das Gleichgewicht der Zirkulation
3. das Elektrolyt-Wasser-Gleichgewicht mit der Nierenfunktion

und folgerichtig die Begriffe *Elementargefährdung* und *Elementartherapie* abgeleitet. Später hat es sich als zweckmäßig erwiesen, die Nierenfunktion getrennt als vierte *vitale Funktion* einzuführen. Da der *p*H-Wert mit allen genannten „*vitalen Funktionen*" vermascht ist, kann er – cum granu salis – zu einem Gradmesser von Störungen dieser Funktionskreise gemacht werden.

5.2. Komplexität der Therapie der Störungen des Säure-Basen-Gleichgewichtes

Der *p*H-Wert ist eine resultierende Größe, die von einer Vielzahl von Faktoren beeinflußt, aber mit Hilfe eines Regelkreises konstant gehalten wird. Kann der *p*H-Sollwert – aus welchen genannten Gründen auch immer – nicht gehalten werden, so ist therapeutische Hilfe notwendig.

Von vornherein kann als sicher angenommen werden, daß eine resultierende (Verhältnis-) Größe nicht über die Zeit direkt verändert werden kann. Ein solches Verfahren würde der Ignoranz der Einflußgrößen (Partner des Verhältnisses) gleichkommen, das körpereigene Regulationssystem irritieren und einen zusätzlichen Angriff darstellen. Der Denkduktus beispielsweise *Azidose erfordert Pufferung,* ist im Verhältnis zur Vielschichtigkeit des Geschehens zu beschränkt. Es kann nur als glücklicher Umstand betrachtet werden, daß die zeitlich geringe Reichweite solcher *therapeutischer Waffen* keine schlimmeren Folgen hat.

Es ist vielmehr notwendig, den *p*H-Wert im Zusammenwirken von Atmung, Niere und zirkulierendem wäßrigem System zu sehen und die Ursachen für seine Störungen auch dort zu suchen und daraus die erste therapeutische Konsequenz abzuleiten. Auf diese Weise ergibt sich ein weites therapeutisches Spektrum, das das Gesamtgeschehen berücksichtigt und in seiner vollen Breite zu beeinflussen vermag.

Die Pufferung als direkter Griff nach dem *p*H-Wert kann nur unter extremen Bedingungen eine Notbremse zum Zeitgewinn sein und darf nur als Hilfe für die Regulationssysteme betrachtet werden, keinesfalls als deren Leistungsersatz.

5.3. Therapeutische Richtungen

Die genannte große Zahl von Ursachen für eine Verschiebung des Säure-Basen-Gleichgewichtes muß, um eine zweckdienliche therapeutische Strategie zu gewinnen, in eine systematische Ordnung gebracht werden.

Zunächst können zwei Hauptrichtungen des therapeutischen Vorgehens unterschieden werden:

1. Alle *p*H-Störungen, die eine respiratorische Ursache haben, können allein durch Veränderung der Atmung – also von der Gasphase her – therapeutisch wirksam angegangen werden.
2. Alle nichtrespiratorischen *p*H-Störungen haben ihre direkten Ursachen in Größe, Zusammensetzung und Bewegung der flüssigen Phase, speziell des extrazellulären Volumens, die Ursachen für deren Veränderungen können dabei sehr unterschiedlich sein. Die Behandlung der eigentlichen Krankheitsursache allein führt nicht zum optimalen therapeutischen Erfolg, vielmehr ist es oft nötig, den Extrazellulärraum vor dem Angehen der Krankheitsursache auszugleichen, um erst die Voraussetzungen für beispielsweise ein erfolgreiches operatives Vorgehen zu schaffen. Wenn es gelingt, die Störungen im Bereich des Flüssigkeitshaushalts auszugleichen, werden gleichzeitig die Funktionsbehinderungen (Leistungsverminderungen) des Zirkulationssystems und der Niere beseitigt, ihnen ihre regulatorische Breite wiedergegeben und so die besten Voraussetzungen für eine weitere Therapie an der Krankheitsursache geschaffen. Mit der richtigen Therapie des Flüssigkeitsraumes wird sich meist ohne weiteres Zutun der *p*H-Wert normalisieren.

5.4. Therapie der Azidose

Die Azidose ist keine Krankheit, sondern ein Symptom bereits schwerwiegender anderer Störungen, schlimmstenfalls eine zusätzliche Gefährdungsart. Unter Berücksichtigung der bereits herausgestellten statischen und dynamischen Sicherung des extrazellulären Flüssigkeitsraumes ist die direkte Beeinflussung des *p*H-Wertes durch Puffer erlaubt.

5.4.1. Therapie der respiratorischen Azidose

Die respiratorische Azidose ist begründet in einem mangelhaften Abtransport des Stoffwechselendprodukts CO_2, der zu einer Anhäufung von Kohlensäure im extrazellulären Raum führt. Die Gründe liegen im allgemeinen in den Störungen der Lungenfunktion – also des Stellgliedes des Regelkreises – und können prinzipiell nur durch Verbesserung der Atmung beseitigt werden. Zur Verbesserung der Atmung gehören, wie in der einschlägigen Literatur detailliert dargestellt ist,

- die Freihaltung der Luftwege und
- die Verkleinerung des Totraumes (Intubation oder Tracheotomie)
- die medikamentöse Beeinflussung
- die künstliche Beatmung.

Bei adäquatem Einsatz dieser Mittel ist eine Verbesserung der CO_2-Abgabe und gleichzeitig die meist ebenfalls notwendige Verbesserung der O_2-Aufnahme zu erreichen.
In speziellen Fällen, bei denen auch die künstliche Ventilation nicht ausreicht, ist in einem sehr geringen Bereich durch Pufferung eine Besserung für kurze Zeit erreichbar. Hier scheint die Anwendung von THAM indiziert zu sein.

5.4.2. Therapie der nichtrespiratorischen (metabolisch und renal) Azidose

Bei der Therapie der nichtrespiratorischen Azidose steht die Sicherung von Zusammensetzung und Größe des extrazellulären Volumens weit im Vordergrund. Nur unter Beachtung dieses ersten Prinzips kann die Anwendung von Puffern diskutiert werden.
Als Puffersubstanzen stehen Natriumhydrogenkarbonat und THAM (Tris-hydroxymethyl-aminomethan) zur Verfügung, die im Schrifttum des letzten Jahrzehnts mit ihren Vor- und Nachteilen konkurrieren.
Gegen den Hydrogenkarbonatpuffer wurde eingewendet, daß bei der Gabe von molarer Lösung (Konzentrat) zu viel Natrium und bei der Gabe von isotoner Lösung neben der großen Natriummenge zu viel Wasser zugeführt würde. Außerdem puffere Hydrogenkarbonat nur extrazellulär.
Zur Entkräftung dieser Argumente ist festzustellen:

- Das Hydrogenkarbonat ist der biologisch benutzte Puffer.
- In isotoner Lösung verabreicht, expandiert Hydrogenkarbonat den Extrazellulärraum (das ist bei jedem Volumenmangel wünschenswert).

- Die Existenz und Funktion der Zellen hängen vorzüglich vom Extrazellulärvolumen ab, so daß die Pufferung des Extrazellulärraumes allein ausreichend ist.
- Zum Natriumüberschuß führt nur die Gabe von hypertonen Natriumlösungen, besonders bei bestehendem Wassermangel.
- Die gefürchtete Überwässerung verliert ihre theoretischen Grundlagen, wenn das Zirkulationssystem nicht als geschlossenes Röhrensystem, sondern als Kommunikationssystem mit dem gesamten Extrazellulärvolumen betrachtet wird. Hierbei sind funktionsfähige Nieren vorausgesetzt.

Für THAM – auch Tris-Puffer genannt– verbleibt als wesentlichster Vorteil seine Möglichkeit, Kohlensäure in Hydrogenkarbonat umzusetzen:

$$\text{THAM} + H_2CO_3 \rightleftharpoons \text{THAM-H}^{\cdot} + HCO_3' \qquad (5.1)$$

Die quantitative Leistungsfähigkeit dieser Möglichkeit wird durch die Tham-Einzeldosis von <5 mmol/kg Körpergewicht so begrenzt, daß es nicht möglich ist, über die Zeit ausreichend CO_2 zu eliminieren.
Die Natriumfreiheit des Tham-Moleküls stellt nach dem vorher Gesagten keinen Vorteil dar, zumal das osmotisch wirksame Tham-Molekül – ähnlich dem Natrium – den Extrazellulärraum expandiert.
Hinzu kommen die Nachteile:

- lokale Unverträglichkeit
- Hypoglykämieneignung
- Hyperkaliämie
- Depression der Atmung.

So verbleibt als Indikation für THAM nur die akute respiratorische Azidose mit allerdings sehr begrenzten zeitlichen Möglichkeiten.
Organische Natriumsalze (Na-Laktat und Na-Azetat) sind in ihrer Pufferwirkung von der Hydrogenkarbonatbildung bei der Verstoffwechselung ihres organischen Anions abhängig, letzteres erscheint aber unter den Bedingungen, die zur metabolischen Azidose führen, gerade nicht zweckmäßig – ihre Anwendung kann nicht empfohlen werden.
Die quantitative Berechnung der benötigten Puffermenge gibt der Therapie nur scheinbare Genauigkeit, weil sie weder die Vielschichtigkeit noch die Dynamik des Geschehens erfassen kann.

Der Wert der Formel

$$\text{mval benötigte Base} = -\text{BÜ} \cdot 0{,}3 \cdot \text{kg Körpergewicht} \tag{5.2}$$

besteht in der Orientierung auf die Defizitmenge. Sie entbindet nicht von der wiederholten Kontrolle des therapeutischen Erfolges (der Gesamttherapie) durch Meßwerte, die wiederum Ausgangspunkt für die weitere Therapie sind.
Damit ergeben sich als therapeutische Richtlinien für alle metabolischen Azidosen sowohl stoffwechselbedingte als auch renale:

Wiederherstellung
- eines ausreichenden Extrazellulärvolumens
- der Osmolalität (Natrium)
- des Kaliumbestandes und
- des Hydrogenkarbonatbestandes.

Die akute Anurie (erst sicher nach Ausschluß einer Funktionsbehinderung der Nieren und einer Abflußbehinderung der ableitenden Harnwege) und die dekompensierte chronische Oligoanurie mit Retention harnpflichtiger Substanzen, stellen therapeutisch außer durch die Dialyse schwer oder nicht zugängliche Krankheitsgeschehen dar.

5.5. Therapie der Alkalose

5.5.1. Therapie der respiratorischen Alkalose

Auch die Alkalose ist ein Symptom schwerwiegender anderer Störungen; sie kann zu einer zusätzlichen Gefährdung werden. Die Therapiemöglichkeiten liegen entweder in der Normalisierung der Atmung oder der Sicherung des Elektrolytgleichgewichtes.
Die respiratorische Alkalose, bedingt durch Hyperventilation, ist ihrem Wesen nach eine CO_2-Verarmung des Organismus durch forcierte Abatmung von CO_2. Die Notwendigkeit der Therapie ergibt sich daraus, daß das Säure-Basen-Gleichgewicht durch die Niere nicht in kurzer Zeit wiederhergestellt werden kann.

Die Ursachen für eine Hyperventilation sind:

- psychische Erregungszustände, Hysterie
- stereotype Hyperventilation bei Schädel-Hirn-Verletzungen.

Die erstgenannten Ursachen sind durch Beruhigung oder Sedierung der Patienten zu beseitigen; die durch eine Störung des Regelwerkes bedingte stereotype Hyperventilation bei Schädel-Hirn-Verletzungen kann durch Sedierung nicht beeinflußt werden. Unter extremen Bedingungen kommen als therapeutische Maßnahmen in Frage:

- die Vergrößerung des Totraumes der Ventilation, durch sie kann eine Vergrößerung der Rückatmung und dadurch ein Rückstau des CO_2 erreicht werden
- die Normoventilation mit Hilfe eines Respirators unter Relaxation des Patienten.

5.5.2. Therapie der nichtrespiratorischen Alkalose

Therapiewürdig ist nahezu ausschließlich die durch den Verlust von saurem Magensaft entstandene metabolische Alkalose. Zur Pathogenese ist die Anschauung weit verbreitet, daß der verursachende Faktor der $H^{\cdot}$-Verlust mit dem Magensaft sei, der seinerseits zur Ausscheidung von $K^{\cdot}$ anstelle von $H^{\cdot}$ (da diese ja knapp seien) in die Niere führe und sich auf diese Weise die Alkalose mit einem Kaliummangel vergesellschaftet. Dem Chlorid wurde keine spezifische Bedeutung für den Organismus mehr beigemessen.
Der pathophysiologische Ablauf der gastralen Alkalose wird durch folgende Faktoren maßgeblich beeinflußt:

- Verlust an Magensaft mit seinen Inhaltsstoffen:
  - Wasser 2 bis 4 l/die
  - Elektrolyte:

Cl'	140–170	mval/l
$K^{\cdot}$	4– 35	mval/l
$Na^{\cdot}$	20– 70	mval/l
$H^{\cdot}$	40–120	mval/l

- gleichzeitige Blockierung der gesamten oralen Aufnahme.

Beide Vorgänge zusammen führen zu Mangel an H_2O, Cl', $Na^{\cdot}$, $H^{\cdot}$ und $K^{\cdot}$. Der $H^{\cdot}$-Verlust ist dabei die am wenigsten entscheidende Größe. Von wesentlich größerer Bedeutung ist, daß das über den Karboanhydrasemechanismus mit den $H^{\cdot}$ gleichzeitig gebildete HCO_3' im Austausch gegen Cl' in das Extrazellulärvolumen abgegeben wird und damit im Organismus verbleibt. Da das Chlorid verlorengeht, kommt es über diesen Mechanismus zu einer fortschreitenden Alkalisierung des Extrazellulärvolumens unter den Bedingungen des zunehmenden H_2O-, Na -Cl'- und später auch des $K^{\cdot}$-Mangels.

Diese Verluste haben typische renale Reaktionen zur Folge. Der Zwang zur erhöhten Natriumrückresorption bei bestehendem Chloridmangel führt zur stärkeren Belastung der verbleibenden Teilmechanismen der Natriumrückresorption, d.h., der $Na^{\cdot}/H^{\cdot}$-sowie der $Na^{\cdot}/K^{\cdot}$-Austausch werden forciert. Auf diese Weise kommen zu den $K^{\cdot}$-Verlusten mit dem Magensaft bei unterbrochener Zufuhr erhebliche renale $K^{\cdot}$-Verluste, die den $K^{\cdot}$-Mangel komplettieren. Zum anderen werden die $H^{\cdot}$- und die HCO_3'-Bildung erhöht, das führt zur vermehrten $H^{\cdot}$-Ausscheidung – vorzüglich als $NH_4^{\cdot}$ – sowie zur Erhaltung der erhöhten Hydrogenkarbonatkonzentration im Extrazellulärvolumen. Die Niere kann mit ihren Möglichkeiten nur den Krankheitszustand über eine gewisse Zeit, die durch die zunehmende Funktionsbehinderung infolge des Mangels an Wasser und Elektrolyten limitiert ist, stabilisieren; zur Reparation ist sie nicht in der Lage.

Aus diesem Unvermögen ergibt sich die zwingende Notwendigkeit zum therapeutischen Eingreifen. Entsprechend dem pathophysiologischen Ablauf muß die Therapie in der Zufuhr von Wasser, $Na^{\cdot}$, Cl' und $K^{\cdot}$ bestehen.

Zur Kontrolle der Therapie dienen neben dem Säure-Basen-Status die Ausscheidungsmengen im Harn.

Die Zufuhr von Säuren (0,1 n HCl) oder organischen Chloriden entspricht nicht dem pathophysiologischen Ablauf.

5.6. Chronische Veränderungen des Säure-Basen-Gleichgewichtes

Bei chronischen Erkrankungen der Regulationsorgane ist oft die Verstellung des Hydrogenkarbonat-Kohlensäure-Systems notwendig, um den *p*H-Wert im Toleranzbereich zu halten. In solchen Fällen muß vor jedem (nicht notwendigen!) therapeutischen Versuch gewarnt werden, weil dieser eine zusätzliche Gefährdung bedeuten würde.

5.7. Plan des diagnostischen und therapeutischen Vorgehens

1. Das praktische Vorgehen bei der Erfassung und Therapie von Säuren-, Basen- und Elektrolytstörungen kann nicht durch die Anwendung von einfachen Schemata und Formeln vorgegeben werden, weil der Säure-Basen-Haushalt nur einen kleinen Teil des Gesamtgeschehens darstellt.
2. Anamnese und klinischer Befund sind auch hier die unentbehrlichen Grundlagen des Handelns.
3. Die klinische Vorstellung (Verdachtsdiagnose) muß durch gezielte Laboruntersuchungen erhärtet werden.
4. Einordnung und Wertung aller Informationen führen zur therapeutischen Konsequenz, die auf das Gesamtgeschehen gerichtet sein muß. Ziel der Therapie ist erstens die Beseitigung lebensbedrohlicher Zustände (Extremwerte) und zweitens, wenn nicht in erstens eingeschlossen, die kausale Therapie. Niemals darf der Ehrgeiz des Therapeuten in der losgelösten Normalisierung von Einzelparametern bestehen (Abb. 5.1).
5. Therapeutisches Vorgehen

   Respiratorische Azidose

   Verbesserung des Gasaustausches durch
   - Freihaltung der Luftwege
   - Totraumverringerung (Intubation, Tracheotomie)
   - künstliche Beatmung (Normoventilation)
   - Verabreichung bronchodilatorisch wirkender Medikamente
   - medikamentöse Verbesserung der Herzleistung.

   Respiratorische Alkalose

   Verminderung der Ventilationsgröße durch
   - Sedierung des Patienten
   - Totraumvergrößerung (CO_2-Rückatmung)
   - künstliche Beatmung (Normoventilation).

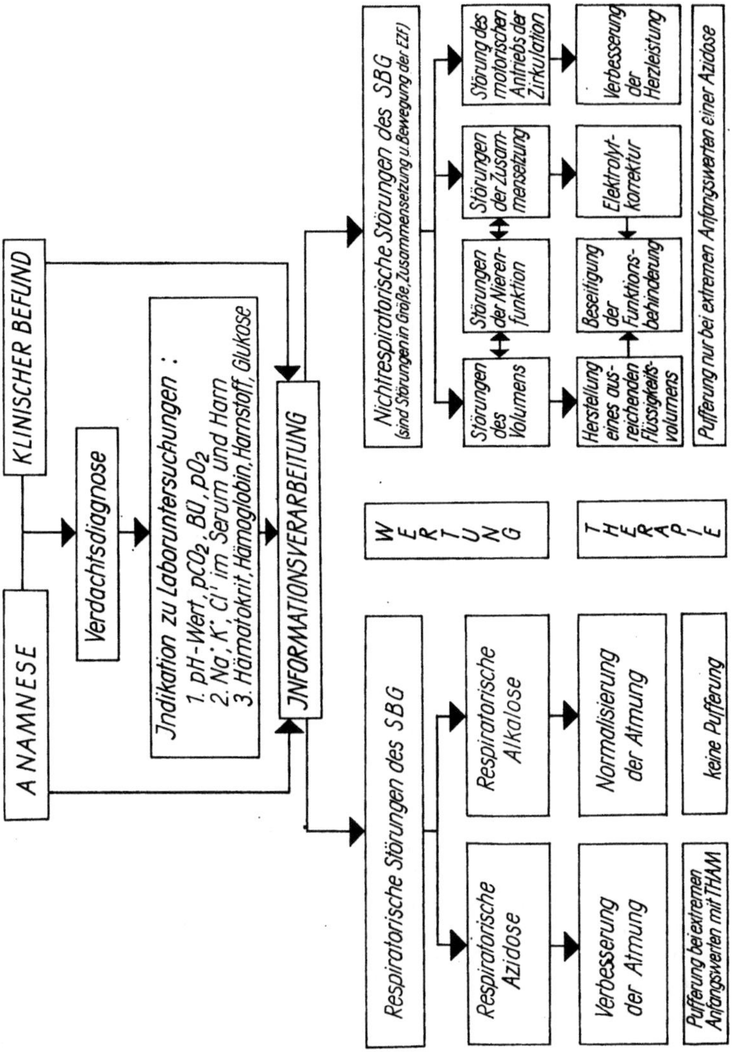

5.1 Schema für das klinische Vorgehen beim Verdacht auf Säure-Basen- bzw. Elektrolytstörungen

Nichtrespiratorische Azidose

Sicherung von Größe und Zusammensetzung des Extrazellulärvolumens und Sicherung der Gewebeperfusion durch
- Infusion isotoner wäßriger Lösungen
- isotoner Ersatz von Natriumhydrogenkarbonat
- Blut- und Plasmaersatz
- Dialyse bei organischen renalen Störungen
- Pufferung bei Extremwerten des *p*H (< 7,2) unter *p*H-Wert-Kontrolle.

Nichtrespiratorische Alkalose

Bilanz- und verlustgerechte Zufuhr von
- Wasser
- Natriumionen
- Kaliumionen und
- Chloridionen.

Keine Zufuhr von Säuren (HCl) oder metabolisierbaren organischen Chloriden!

6. Nur bei extremen Blut-*p*H-Werten ist die Pufferung bei Säure-Basen-Störungen indiziert: aktueller *p*H < 7,2.
Die Abschätzung der benötigten Puffermenge nach der Formel 5.2 aus dem BÜ:

$$\text{mval benötigte Base} = -\text{BÜ} \cdot 0{,}3 \cdot \text{kg Körpergewicht} \quad (5.3)$$

kann nur ein Anhalt sein. Ihre Anwendung sollte unter kritischer Berücksichtigung der Größe des Extrazellulärvolumens erfolgen. Bei vermindertem Extrazellulärvolumen (Exsikkose) ist der Faktor von 0,3 zu groß. Bei Neugeborenen ist das Extrazellulärvolumen wesentlich größer als beim Erwachsenen. Der Faktor muß größer als 0,3 veranschlagt werden.
Ziel der Pufferung ist das Erreichen von Werten, die den Organismus in die Lage versetzen, die Leistungsfähigkeit der eigenen Regelung wieder zu nutzen.
Die Pufferung auf Normalwerte nimmt dem Organismus den Antrieb zur eigenen Regelleistung.
Die überschießende Pufferung stellt für den Organismus eine zusätzliche Gefährdung dar.
Negative Basenüberschußwerte bei erheblicher respiratorischer Azidose stellen keine Indikation für eine Pufferung dar (vgl. Abschn. 6.8.4.).

Bei erniedrigtem pO_2 der aktuellen Blutprobe werden mit der Äquilibriertechnik zu tiefe Basenüberschußwerte gefunden (vgl. Abschn. 2.8.3. und 6.8.4., Formel [2.54]).

7. Bei zentralisiertem Kreislauf sind aus Kapillarblut erhobene Meßwerte falsch. Es muß arteriell punktiertes Blut untersucht werden.
8. Sofortige Verarbeitung des Blutes für Säure-Basen-Analysen (pH, pCO_2, pO_2) ist zweckmäßig, beim Vorliegen einer Leukozytose (vgl. Abschn. 6.8.1.) erforderlich.

5.8. Anwendungsbeispiele

5.8.1. Ateminsuffizienz mit respiratorischer Azidose

Anamnese:	Heiserkeit, Husten, schwere Atemnot
Klinischer Befund:	Stridor (in- und exspiratorisch), Zyanose, Halsvenenstauung, vergrößerter Halsumfang
Verdachtsdiagnose:	Tracheitis bei Trachealstenose durch Struma
Laboratoriumsbefunde:	1. $pH = 7{,}08$, $pCO_2 = 107$ Torr, BÜ = –4 mval/l, $pO_2 = 40$ Torr 2. $Na^{\cdot}$ i.S. = 138 mval/l $K^{\cdot}$ i.S. = 3,95 mval/l Cl' i.S. = 103 mval/l $Na^{\cdot}$ i.H. = 56 mval/24 h $K^{\cdot}$ i.H. = 41 mval/24 h Cl' i.H. = 61 mval/24 h 3. Hämatokrit = 44 % Hämoglobin = 14 g/100 ml Harnstoff-N = 14 mg/100 ml 4. Harnausscheidung: 55 ml/h
Wertung:	1. Ateminsuffizienz 2. Respiratorische Azidose
Ursachen:	1. Struma nodosa 2. Trachealstenose 3. Tracheitis

Therapie: Verbesserung der Atmung durch Intubation und Absaugung von Bronchialsekret, kurzzeitige O_2-Gabe

Kontrolle: nach 6 Stunden

Kausale Therapie: Strumaresektion mit Tracheotomie am gleichen Tag

5.8.2. Hämatothorax mit Volumenmangel, Atmungsbehinderung und respiratorisch-nichtrespiratorischer Azidose

Anamnese: Thoraxtrauma, Bauchtrauma, langer Transportweg (60 km)

Klinischer Befund: Atembehinderung, Klopfschallverkürzung linke Thoraxseite, Tachykardie, RR: 60 Torr systolisch

Verdachtsdiagnose: Volumenmangelschock, Hämatothorax, respiratorische Azidose

Laboratoriumsbefunde:

1. $pH = 6{,}90$, $pCO_2 = 69$ Torr,
   BÜ = −22 mval/l, $pO_2 = 50$ Torr
2. $Na^{\cdot}$ i.S. = 141 mval/l
   $K^{\cdot}$ i.S. = 4,15 mval/l
   Cl' i.S. = 107 mval/l
   $Na^{\cdot}$ i.H. = 16 mval/24 h
   $K^{\cdot}$ i.H. = 6 mval/24 h
   Cl' i.H. = 20 mval/24 h
3. Hämatokrit = 38 %
   Hämoglobin = 11,2 g/100 ml
   Harnstoff-N = 41 mg/100 ml
4. Harnausscheidung: 3 bis 5 ml/h

Wertung:

1. Volumenmangel
2. Hämatothorax mit Funktionsbehinderung der Atmung
3. Funktionsbehinderung der Niere
4. Respiratorische und metabolische Azidose

Ursache: Hämatothorax
Blutungsschock

Therapie:

1. Volumenersatz
2. Beseitigung des Hämatothorax (Saugdrainage)
3. Hydrogenkarbonatzufuhr (250 mval)

Kontrolle: Säure-Basen-Gleichgewicht nach 6 h

5.8.3. Pyelonephritis mit Volumenmangel und nichtrespiratorischer Azidose

Anamnese: Vor zwei Jahren Urämie wegen dekompensierter chronischer Pyelonephritis
Jetzt Lendenschmerz, Schmerzen beim Wasserlassen, Fieber, Erbrechen, ungenügende Flüssigkeitsaufnahme

Klinischer Befund: Fieber, Klopfschmerz beider Nierenlager, mäßige Exsikkose, Anämie, Dyspnoe

Verdachtsdiagnose: Akuter Schub einer chronischen Pyelonephritis, Funktionsbehinderung der Niere durch Volumenmangel

Laboratoriumsbefunde:

1. $pH = 7{,}1$, $pCO_2 = 19$ Torr,
   BÜ = -22 mval/l, $pO_2 = 94$ Torr
2. $Na^{\cdot}$ i.S. = 128 mval/l
   $K^{\cdot}$ i.S. = 5,00 mval/l
   Cl' i.S. = 125 mval/l
   $Na^{\cdot}$ i.H. = 19 mval/24 h
   $K^{\cdot}$ i.H. = 6 mval/24 h
   Cl' i.H. = 20 mval/24 h
3. Hämatokrit = 21 %
   Hämoglobin = 6,1 g/100 ml
   Harnstoff-N = 151 mg/100 ml
4. Harnausscheidung: 450 ml/24 h
   Bakteriurie
   Proteinurie

Wertung:

1. Volumenmangel
2. nichtrespiratorische Azidose
3. Kaliummangel
4. Anämie

	5. Funktionsbehinderung der schon leistungsbegrenzten Niere
Ursache:	renale Insuffizienz, Volumenmangel
Therapie:	1. Volumenersatz, vorzüglich isotone Natriumhydrogenkarbonatlösung (> 2 Liter) 2. Erythrozytenzufuhr 3. Antibiotika
Kontrolle:	Laboratoriumswerte nach 12 h, Messung der stündlichen Harnausscheidung

5.8.4. Pylorusstenose mit Volumenmangel und nichtrespiratorischer Alkalose

Anamnese:	Seit Tagen häufiges Erbrechen
Klinischer Befund:	Exsikkose
Verdachtsdiagnose:	Pylorusstenose mit Volumenmangel und nichtrespiratorischer Alkalose
Laboratoriumsbefunde:	1. pH = 7,61, $p\text{CO}_2$ = 61 Torr, BÜ = +25 mval/l, $p\text{O}_2$ = 90 Torr 2. Na˙ i.S. = 128 mval/l K˙ i.S. = 2,20 mval/l Cl′ i.S. = 85 mval/l Na˙ i.H. = 12 mval/24 h K˙ i.H. = 6 mval/24 h Cl′ i.H. = 2 mval/24 h 3. Hämatokrit = 50 % Hämoglobin = 14,4 g/100 ml Harnstoff-N = 37 mg/100 ml 4. Harnausscheidung: 300 ml/24 h
Wertung (Rangfolge):	1. Volumenmangel 2. Kaliummangel 3. Chloridmangel 4. nichtrespiratorische Alkalose 5. Funktionsbehinderung der Niere
Ursache:	Pylorusstenose mit anhaltendem massiven Erbrechen

Therapie:	1. Volumenersatz, mindestens 5 l/die 2. Kaliumchloridzufuhr (bis 200 mval am ersten Tag) *Keine* direkte Therapie der Alkalose
Kontrolle:	nach 24 h
Kausale Therapie:	Operatives Vorgehen nach angenäherter Normalisierung und röntgenologischer Sicherung

5.8.5. Lungenemphysem mit respiratorischer Azidose

Anamnese:	Seit Jahren geringe Atemnot, die sich bei Luftwegsinfekten erheblich verstärkt
Klinischer Befund:	leichte Dyspnoe, starrer Thorax
Verdachtsdiagnose:	Lungenemphysem
Laboratoriumsbefunde:	1. $pH = 7{,}28$, $pCO_2 = 58$ Torr, BÜ = $-1{,}5$ mval/l, $pO_2 = 60$ Torr 2. $Na^{\cdot}$ i.S. = 140 mval/l $K^{\cdot}$ i.S. = 4,4 mval/l Cl' i.S. = 104 mval/l $Na^{\cdot}$ i.H. = 85 mval/24 h $K^{\cdot}$ i.H. = 48 mval/24 h Cl' i.H. = 80 mval/24 h 3. Hämatokrit = 46 % Hämoglobin = 16,0 g/100 ml Harnstoff-N = 12 mg/100 ml Harnausscheidung: 1,4 l/24 h
Wertung:	1. Leistungsbegrenzung der Atmung mit Neueinstellung des Säure-Basen-Gleichgewichtes 2. Hypoxämie
Ursache:	Obstruktives Lungenemphysem
Therapie:	Versuch zur Verbesserung der Atemtechnik durch atemgymnastische Übungen, *kein* Korrekturversuch des Säure-Basen-Gleichgewichtes

6. Methodik zur Bestimmung der Säure-Basen-Größen

Die grundlegenden Untersuchungen zur Analyse des Säure-Basen-Gleichgewichtes wurden von VAN SLYKE und Mitarbeitern vor etwa 50 Jahren ausgeführt. Sie bestätigten die Gültigkeit der Henderson-Hasselbalch-Gleichung für Blut und den näherungsweise linearen Verlauf der *p*H/log pCO_2-Kurve für Vollblut. Nach VAN SLYKE wurde der pCO_2 der aktuellen Blutprobe und mehrerer Proben bekannten Kohlendioxidpartialdruckes bestimmt. Der *p*H-Wert konnte dann leicht berechnet werden. Die hohen Ansprüche der van-Slyke-Methode an den Untersucher, der erhebliche Arbeitsaufwand und die Materialgewinnung durch Arterienpunktion haben eine routinemäßige Einführung der Untersuchung in die klinische Labordiagnostik verhindert.

Erst die Entwicklung der elektrometrischen *p*H-Meßtechnik mit Glaselektroden machte es der Forschergruppe um ASTRUP [6.1] möglich, eine für die klinische Labordiagnostik brauchbare Methode auszuarbeiten. Die Astrup-Methode, die in Europa zur Methode der Wahl wurde, führt die Bestimmung der drei für die Säure-Basen-Analyse nötigen Werte: *p*H-Wert, Kohlendioxidpartialdruck und Basenüberschuß auf drei Mikro-Blut-*p*H-Wert-Messungen zurück. Die Auswertung erfolgt durch Eintragen der *p*H-Werte in ein *p*H/log pCO_2-Nomogramm (Siggaard-Andersen-Kurven-Nomogramm, vgl. Abb. 6.18).

SCHWARTZ und RELMAN [6.2] führen gegen die Anwendung der Astrupschen Technik an, daß Blut in vivo sich nicht in gleicher Weise wie Blut in vitro verhalte. Tatsächlich verändert sich der *p*H-Wert von Blut in vivo durch Beatmung mit einem CO_2/O_2-Gemisch weniger als der einer Blutprobe (in vitro) beim Äquilibrieren im Tonometer mit dem gleichen Gasgemisch. Im lebenden Organismus sind andere Verhältnisse als im Tonometer

gegeben. Das durch die Pufferreaktion erzeugte Hydrogenkarbonat ist nicht allein auf das Blutvolumen begrenzt, sondern für das gesamte extrazelluläre Volumen verfügbar (vgl. Abschnitt 6.8.4.). Neben der Astrup-Technik können die Säure-Basen-Größen auch durch direkte Messung des aktuellen pCO_2 mit einer spezifischen Elektrode [6.3] und des aktuellen pH-Wertes im Blut bestimmt werden. Der Basenüberschuß läßt sich bei Kenntnis der Hämoglobinkonzentration im Blut aus einem Nomogramm (z.B. dem Fluchtliniennomogramm von SIGGAARD-ANDERSEN, vgl. Abb. 6.20) entnehmen.
Die zur Bestimmung der Säure-Basen-Größen von THIELE, EGGER, ZACHRAU und ANDERS [6.4] für kleine Laboratorien empfohlene Komparator-Titrations-Methode[1] beruht auf der kolorimetrischen Ermittlung des aktuellen pH-Wertes im Plasma. Daneben werden der aktuelle Hydrogenkarbonatgehalt des Plasmas titriert und die Hämoglobinkonzentration des Vollblutes bestimmt. Der pCO_2 und der Basenüberschuß werden aus dem Siggaard-Andersen-Fluchtliniennomogramm abgelesen.
Diese Methode dürfte, da die kolorimetrische pH-Wert-Bestimmung experimentell anspruchsvoll ist und arterielles Blut (durch Arterienpunktion) benötigt wird, nur geringe Anwendung finden.

6.1. Präzisions-pH-Messung

Präzision und Richtigkeit der Säure-Basen-Größen

Elektrometrische oder kolorimetrische Präzisions-pH-Messungen in Vollblut, Plasma oder Hydrogenkarbonatlösungen sind die analytischen Grundoperationen, auf denen die Bestimmung der Säure-Basen-Größen beruht. Der Informationsgehalt von pH-Meßwerten hängt von der Präzision (Reproduzierbarkeit) der Meßmethode und der Richtigkeit (Abweichung vom wahren Wert) der Ergebnisse ab.
Die Präzision wird in erster Linie durch die Konstanthaltung der Störgrößen und durch den Aufbau der Meßkette, die Richtigkeit durch die Güte des Vergleichspuffers, durch die Beach-

[1] Vgl. auch DAB 7 (D.L.) „Prüfung des Säure-Basen-Gleichgewichtes (Methode I)“ [6.11].

tung der Blutabnahmebedingungen und durch die Wahl geeigneter Meßelektroden erreicht. Leicht übersehen werden Störungen, die durch Eigenschaften der pH-sensitiven Glaselektrodenmembran bedingt werden.
Bei Einhaltung der Meßbedingungen (kleine Störgrößenänderung) gelingt es, Blut-pH-Messungen mit hoher Präzision auszuführen.
SIGGAARD-ANDERSEN fand mit der Astrup-Apparatur der Firma Radiometer (Kopenhagen) bei Messungen im Plasma eine Präzision von $\Delta p\text{H} = \pm 0{,}001$, im Vollblut von $\Delta p\text{H} = \pm 0{,}003$, wenn er mit Pufferlösungen eines Ansatzes eichte. Für die klinischen Ansprüche an die Säure-Basen-Analyse des Blutes genügt es, die Präzision von $\Delta p\text{H} = \pm 0{,}01$ anzustreben.
Die ursprüngliche pH-Definition ($p\text{H} \equiv -\log a_{\text{H}^{\cdot}}$) ist meßtechnisch nicht erfüllbar (vgl. Abschn. 2.3.1.). Diese Definition enthält die Aktivität des Wasserstoffions als Einzelion. Da aber in jeder Elektrolytlösung wegen der Elektroneutralität stets äquivalente Mengen positiver und negativer Ionen vorhanden sind, ist die Aktivität eines Einzelions nicht zugänglich. Praktisch werden die Schwierigkeiten umgangen, indem der pH-Wert des Meßgutes durch Vergleichsmessungen mit standardisierten Pufferlösungen bestimmt wird. Als Standardpuffer dienen international die von BATES angegebenen NBS-Pufferlösungen (Tab. 2.3 und 6.2). Die pH-Werte der NBS-Standardpuffer begründen die konventionelle pH-Skale des National Bureau of Standards (NBS).
Absolute pH-Werte können aus zwei Gründen nicht angegeben werden:

1. weil die pH-Werte der Vergleichspuffer nicht der Definition $p\text{H} \equiv -\log a_{\text{H}^{\cdot}}$ genügen und
2. weil die Standardpuffer dem Blut hinsichtlich ihrer Zusammensetzung nicht gleich sind (die Diffusionspotentiale Blut/Elektrolytbrücke und Standardpuffer/Elektrolytbrücke sind unterschiedlich).

Der Blut-pH-Wert ist also nicht mehr als eine diagnostisch wertvolle Vergleichszahl, die sich mit hoher Präzision bestimmen läßt. Der Blut-pH-Wert kann keine Aussage über die Wasserstoffionenaktivität der Blutprobe machen. Durch Anwendung der pH-Arbeitsdefinition (vgl. Abschn. 2.3.3.) ist es möglich, die Richtigkeit der Blut-*p*H-Meßwerte für die Zwecke der laborinternen Qualitätskontrolle zu erfassen (vgl. S. **195**. Qualitätskontrolle bei Säure-Basen-Analysen).

Präzisions-*p*H-Messung

Da der Blut-*p*H-Wert als geregelte Größe beim Gesunden nur geringe Schwankungen zeigt, sind an die Meßtechnik höchste Ansprüche zu stellen. Der Wunsch, trotz des engen Schwankungsbereiches der Blut-*p*H-Werte noch kleinste Änderungen für die Diagnose verwerten zu können, hat oft zur Unterschätzung der Meßfehler geführt. Der Behandlung der möglichen Störgrößen wird deshalb in diesem Kapitel besondere Aufmerksamkeit geschenkt. Zur Messung des *p*H-Wertes stehen potentiometrische und nichtelektrometrische (kolorimetrische, katalytische) Meßverfahren zur Verfügung. Die potentiometrische *p*H-Messung mit Glaselektroden ist in der Regel die Methode der Wahl, wenn Präzisions-*p*H-Messungen in biologischem Material gefordert werden.
Der Vollblut-*p*H-Wert wird durch Vergleich der mittels einer Glaselektrodenmeßkette in Blut gemessenen Kettenspannung mit den Spannungswerten bestimmt, die die gleiche Kette in zwei Phosphatpufferlösungen (Tab 2.3, Puffer D und E) zeigt. Nur dann, wenn die Anwendung der Glaselektrode experimentell auf Schwierigkeiten stößt, wird noch kolorimetrisch gemessen. So ist beispielsweise die Messung des intrazellulären *p*H-Wertes aufgrund der geringen Zellgröße mit Glaselektroden experimentell außerordentlich schwierig. Aus der Verteilung von CO_2, 5,5-Dimethyl-2,4-Oxazolidindion (DMO), Ammoniak, Bromphenolblau und 2,4-Dinitrophenol läßt sich der intrazelluläre *p*H-Wert[1] berechnen.

*p*H-Messung mit Glaselektroden

Das chemische Potential der Wasserstoffionen (vgl. Abschn. 2.3.5.) ist dem *p*H-Wert proportional. Da sich das elektrische Potential der Glaselektroden proportional zum chemischen Potential der Wasserstoffionen ändert, kann das Glaselektrodenpotential als Meßgröße für die *p*H-Wert-Messung dienen.

---

[1] Die Bestimmung des intrazellulären *p*H-Wertes ist nicht Gegenstand dieser Monographie. Es wird deshalb auf die grundlegende Arbeit von WADDEL und BATES [6.5], verwiesen.

Eine Reihe meßtechnischer Vorteile haben die rasche Einführung der Glaselektrode begünstigt:

- Glaselektroden zeigen weder Vergiftungserscheinungen noch Störungen durch Redoxsysteme
- die äußere Form einer Glaselektrode läßt sich der Meßaufgabe weitgehend anpassen
- die für *p*H-Messungen entwickelten Elektrodengläser arbeiten in dem für die Blut-*p*H-Messung interessierenden *p*H-Bereich hochselektiv.

Allerdings erfordert der hohe elektrische Widerstand des Elektrodenglases einen hochohmigen Eingangswiderstand des Meßverstärkers.

Aufbau der Glaselektrode

Eine *p*H-selektive Glaselektrode besteht aus einer dünnen Membran eines speziellen Glases, welches so an ein elektrisch nichtleitendes Schaftglas angeschmolzen ist, daß sie zwei wäß-

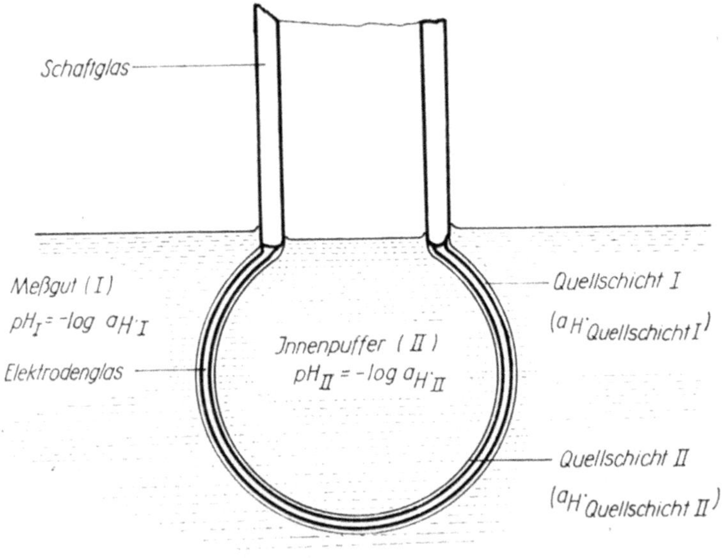

6.1 Die *p*H-sensitiven Quellschichten der Glaselektrode

rige Elektrolytlösungen vollständig voneinander trennt. Bei Kontakt mit wäßrigen Elektrolytlösungen bilden sich auf der äußeren und inneren Oberfläche der Glasmembran unter Wasseraufnahme und Ionenaustausch mit den angrenzenden Lösungen Quellschichten aus, die gegen diese Lösungen Potentiale annehmen (Abb. 6.1).
Die Potentiale sind den Logarithmen der Aktivitätsverhältnisse der Wasserstoffionen von Quellschicht und angrenzender Elektrolytlösung proportional. Bestimmend für die Potentiale ist die äußerste Grenze der Quellschicht (Phasengrenzpotential).
Meßbar ist nur die Summe der Potentiale beider Quellschichten (ε_G = Potential der Glaselektrode).

$$\varepsilon_G = \frac{RT}{F} \ln \frac{a_{H^\cdot I}}{a_{H^\cdot \text{Quellschicht I}}} \cdot \frac{a_{H^\cdot \text{Quellschicht II}}}{a_{H^\cdot II}} \tag{6.1}$$

*p*H-Meßkette

Das Glaselektrodenpotential läßt sich messen, wenn die Glaselektrode mit zwei Ableitelektroden kombiniert wird. Die Potentialableitung mit Ableitelektroden ist nötig, weil der Übergang von Ionenleitung (in Elektrolytlösungen und im Elektrodenglas) zu Elektronenleitung (in einem metallischen Leiter, Kabel) stets einen Elektrodenvorgang (Redoxvorgang) erforderlich macht. Die Potentiale der Ableitelektroden sind Teile der Spannung der *p*H-Meßkette. Soll die Kettenspannung ein Maß für den Blut-*p*H-Wert darstellen, so muß der Anteil der Ableitelektroden konstant sein. Das macht definierte Ableitelektroden notwendig.
Die Kombination einer Glaselektrode mit zwei Ableitelektroden wird als Meßkette bezeichnet.
Die Spannung (in Volt) einer Glaselektrodenmeßkette läßt sich durch folgende Gleichung ausdrücken:

$$E_G = \frac{k \cdot RT}{F} \ln \frac{a_{H^\cdot x}}{a_{H^\cdot i}} + E_a + E_s + E_d \tag{6.2}$$

Die gesuchte Funktion E_G ist proportional $\ln a_{H^\cdot x}$. Für pH_x ergibt sich:

$$pH_x = pH_i - \frac{(E_G + E_a + E_d + E_s) \cdot 10^4}{1{,}984 \cdot k \cdot T} \tag{6.3}$$

Störgrößen sind:

T = absolute Temperatur in Grad Kelvin
k = durch Alterung und innere Nebenschlüsse der Glaselektrode bedingter Korrekturfaktor < 1
E_a = asymmetrisches Potential = Spannungsdifferenz der Ableitelektroden
E_s = Asymmetriepotential

$$= \frac{\mathrm{k\,R}T}{\mathrm{F}} \ln \frac{a_{\mathrm{H}^\cdot \text{Quellschicht innen}}}{a_{\mathrm{H}^\cdot \text{Quellschicht außen}}}$$

E_d = Diffusionspotential
$a_{\mathrm{H}^\cdot_i}$ = Wasserstoffionenaktivität des Innenpuffers
$a_{\mathrm{H}^\cdot_x}$ = Wasserstoffionenaktivität des Meßgutes
$p\mathrm{H}_i$ = pH-Wert des Innenpuffers
$p\mathrm{H}_x$ = pH-Wert des Meßgutes

Konstanten sind:

R = universelle Gaskonstante = 8,315 J · $\mathrm{grd}^{-1} \cdot \mathrm{mol}^{-1}$
F = Faraday-Konstante = 96495 C · mol^{-1}

Nur wenn die Summe der Einzelpotentiale an der Kettenspannung konstant ist, kann aus der Änderung der Kettenspannung auf eine pH-Änderung geschlossen werden.
Eine pH-Meßkette für Blut (Abb. 6.2) sollte folgende Bedingungen erfüllen:

- minimaler Meßgutbedarf, der die Verwendung von Kapillarblut gestattet
- konstante Temperatur 38 °C
- Möglichkeiten zur anaeroben Messung
- schnelle Füllung, Spülung und Entleerung der Meßkapillare
- für Blut geeignete Glaselektrode (driftarm, richtige Meßwerte).

Sowohl die Meßelektrode (Glaselektrode) als auch die Ableitelektroden sind temperierbar. Die Ausbildung der Meßelektrode als Kapillarelektrode gestattet anaerobe Messungen an kleinen Blutproben (< 30 μl). Die pistolenförmige Konstruktion vieler kommerzieller Blut-pH-Elektroden-Modelle ermöglicht eine bequeme Handhabung bei großer Beweglichkeit. Eine Absaugvorrichtung in Verbindung mit einer Pumpe erlaubt die schnelle Füllung, Spülung und Entleerung der Meßkapillare. Wichtig ist, daß der Absaugkopf nur während des Ein- und Absaugens Kon-

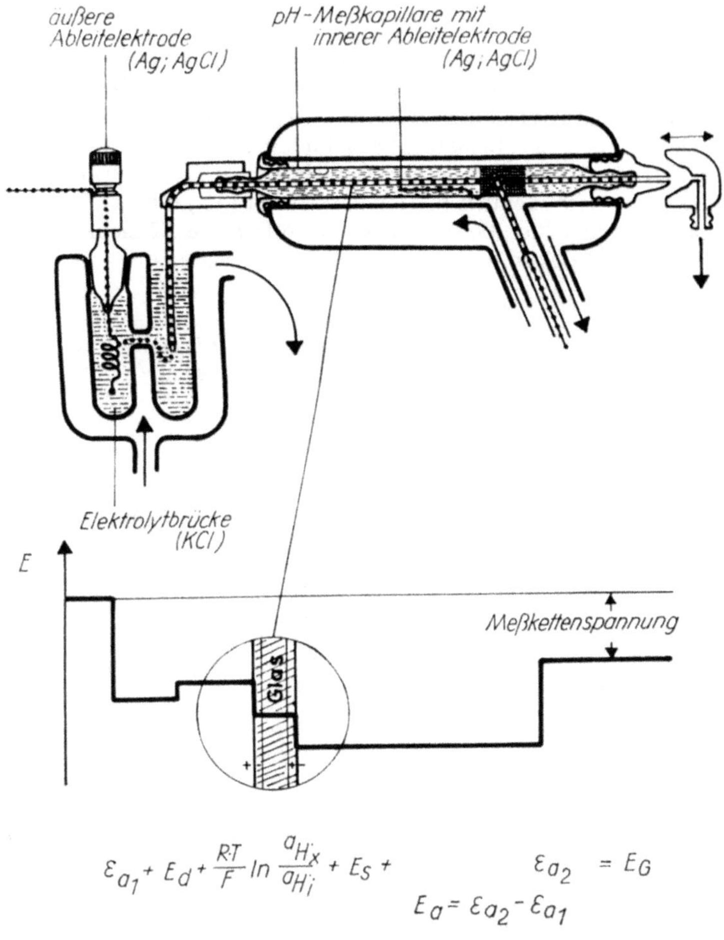

6.2 Aufbau einer Blut-*p*H-Meßkette mit Darstellung des Stromverlaufs

takt mit der Meßflüssigkeit bekommt. Ein Erdnebenschluß über die Absaugpumpe wird so vermieden. Meßkapillare und Ableitelektrode sollten als Verschleißteile auswechselbar angeordnet sein.

Ableitelektroden

Als Ableitelektroden werden in der Regel Elektroden 2. Art benutzt. Bei den Elektroden 2. Art wird das Elektrodenpotential durch die Aktivität der Anionen der Lösungsphase festgelegt. Die Anionen der Lösungsphase bilden mit den Kationen des Elektrodenmetalls ein schwerlösliches Salz. Die Verknüpfung der potentialbildenden Kationenaktivität ($a_{K^{\cdot}}$) mit der Anionenaktivität ($a_{A'}$) der Lösungsphase ist durch die Löslichkeitskonstante (K_L) des schwerlöslichen Salzes gegeben:

$$K_L = a_{K^{\cdot}} \cdot a_{A'} \tag{6.4}$$

Wird die Anionenkonzentration der Lösung konstant gehalten, so ist das Potential der Ableitelektrode konstant.
Für das Potential einer Elektrode 1. Art gilt:

$$E_{K^{\cdot}} = E^0_{K} + \frac{RT}{nF} \ln a_{K^{\cdot}} \tag{6.5}$$

Durch Verknüpfung mit der Löslichkeitskonstante wird das Potential für die Elektrode 2. Art erhalten:

$$E_{K^{\cdot}} = E^0_{K^{\cdot}} + \frac{RT}{nF} \ln K_L - \frac{RT}{nF} \ln a_{A'}$$

man setzt:

$$E^0_{K^{\cdot}} + \frac{RT}{nF} \ln K_L = E^0_{A'}$$

und erhält damit:

$$E_{A'} = E^0_{A'} - \frac{RT}{nF} \ln a_{A'} \tag{6.6}$$

Anwendungsbeispiel: Potential der an Kaliumchlorid gesättigten Silber-Silberchlorid-Elektrode bei 38 °C

Chloridkonzentration	$c_{Cl'}$	$= 4{,}54$ M
Aktivitätskoeffizient	$f_{\pm}$	$= 0{,}593$
Chloridionenaktivität	$a_{Cl'}$	$= 2{,}71$

$$E_{Ag;\,AgCl} = E^0_{Ag;\,AgCl} - \frac{RT}{1F} \ln a_{Cl'} = E^0_{Ag;\,AgCl} - \frac{RT}{1F} \ln c_{Cl'} \cdot f_{\pm}$$

$$= 0{,}21351 - 0{,}061737 \log 2{,}71 = 0{,}18694\,\text{V} \quad \text{bei } 38\,°\text{C}$$

Die Gleichungen zeigen, daß das Potential der Silber-Silberchlorid-Elektrode nur noch von der Chloridionenaktivität der

Lösung abhängt. Die Chloridionenaktivität ist bei konstanter Temperatur für eine an Kaliumchlorid und Silberchlorid gesättigte Lösung (Bodenkörper) konstant. Silber-Silberchlorid-Elektroden werden wegen ihrer mechanisch günstigen Eigenschaften oft als Ableitelektroden eingesetzt. Es empfiehlt sich, Meßketten, die mit Silber-Silberchlorid-Elektroden arbeiten, nicht intensiver Lichteinwirkung (Sonnenfenster!) auszusetzen (Lichtempfindlichkeit des AgCl). Die übliche elektrische Beleuchtung verursacht keine merklichen Störungen.

6.2. Konventionen bei Messungen von Kettenspannungen

Für die Darstellung der Meßketten werden folgende Konventionen benutzt:

- Eine Metall-Elektrolyt-Berührungsstelle wird durch ein Semikolon gekennzeichnet (;).
- Zwei oder mehrere gelöste Bestandteile in einer Lösung werden durch Kommata getrennt (,).
- Der Ort eines Diffusionspotentials wird durch eine vertikale Linie gekennzeichnet (|).
- Die *p*H-sensitive Membran der Glaselektrode wird durch eine doppelte vertikale Linie lokalisiert (||).
- Der physikalische Zustand (fest, flüssig oder gasförmig) einer Komponente wird durch (s) ,(l) oder (g) gekennzeichnet.
- Der metallische Leiter (z.B. Kupferdraht), der während der Spannungsmessung der Zelle an der Ableitelektrode befestigt ist, wird vom Schema ausgeschlossen.

Zum Beispiel Glaselektrodenmeßkette mit zwei Silber-Silberchlorid-Ableitelektroden unterschiedlicher Kaliumchloridkonzentration.

$$-\,Ag_{(s)};\ AgCl_{(s)},\ KCl_{(ges.)}\ |\ \underset{\substack{\text{Blut oder}\\ \text{Puffer E}}}{\text{Meßgut}}\ \overset{\text{Glas}}{||}\ \text{Innenpuffer},$$

$$\frac{M}{10}\,KCl,\ AgCl_{(s)};\ Ag_{(s)}{}^{+}$$

Das Meßkettenschema wird zweckmäßig durch Angabe der Polarität (+ und −) vervollständigt.

Über das Vorzeichen eines elektrischen Potentials wurde 1953 auf dem IUPAC-Meeting festgelegt: „Vorzeichen und Größe der *EMK* (*e*lektro*m*otorische *K*raft) einer Zelle sind identisch mit Vorzeichen und Größe des elektrischen Potentials des metallischen Leiters, welcher rechts im Diagramm geschrieben steht“. Die Zellreaktion wird so geschrieben, daß der freiwillig ablaufende Oxydationsvorgang auf der linken Seite des Schemas steht. Die positive *EMK* sagt aus, daß die Zellreaktion von links nach rechts freiwillig abläuft.
Begründet wird diese Konvention durch die thermodynamische Beziehung

$$\Delta G = -nFE$$

derzufolge für freiwillig ablaufende Vorgänge die Änderung der freien Enthalpie (ΔG) negativ wird.

6.3. Einfluß der Störgrößen auf die Blut-*p*H-Messung

Die Präzision der Blut-*p*H-Meßwerte wird durch Konstanthaltung der Störgrößen, wie Temperatur, Diffusionspotential, Asymmetriepotential und die Richtigkeit durch die Güte des Vergleichspuffers, durch den Aufbau der Meßkette und die Beachtung der Blutabnahmebedingungen gesichert. Für Säure-Basen-Studien ist der Blutgewinnung und Aufbewahrung besondere Aufmerksamkeit zu schenken (vgl. Abschn. 6.8.). Störungen, die durch die Eigenschaften der Glaselektrodenmembran (Meßwertdrift durch OH′-Ionenabgabe des Glases, Fehlmessungen bei unterschiedlicher Ionenstärke oder Pufferkapazität von Meßgut und Eichpuffer, Polarisationserscheinungen an Glaselektroden) und des Ableitelektrodensystems (z. B. Lichtempfindlichkeit der Ag-AgCl-Elektrode) bedingt sind, werden leicht übersehen.

Temperatur

Mit der Temperatur verändern sich nicht nur die Eigenschaften der *p*H-Meßkette (Steilheit der Elektrode, Potentiale der Ableitelektroden, Diffusionspotential, *p*H-Wert des Innenpuffers),

sondern auch die pH-Werte der Eichpuffer und des Meßgutes. Die temperaturabhängige Veränderung des Blut-pH-Wertes in vivo und in vitro werden im Abschn. 6.8. behandelt.
Der Temperaturkoeffizient der Meßkettenspannung läßt sich wie folgt formulieren:

$$\frac{\mathrm{d}E_G}{\mathrm{d}T} = 2{,}303 \times \left[\frac{\mathrm{R}}{\mathrm{F}}(p\mathrm{H}_i - p\mathrm{H}_x)_T + \frac{\mathrm{R}T}{\mathrm{F}} \cdot \frac{\mathrm{d}p\mathrm{H}_i}{\mathrm{d}T} - \frac{\mathrm{R}T}{\mathrm{F}} \cdot \frac{\mathrm{d}p\mathrm{H}_x}{\mathrm{d}T}\right] + \frac{\mathrm{d}E_a}{\mathrm{d}T} + \frac{\mathrm{d}E_d}{\mathrm{d}T} + \frac{\mathrm{d}E_s}{\mathrm{d}T} \tag{6.7}$$

Angesichts der Tatsache, daß alle Glieder der Gleichung (6.2) für die Meßkettenspannung temperaturabhängig sind, wird die Forderung nach strenger Temperaturkonstanz (38 °C ± 0,2) für die Meßkette verständlich.
Nach größeren Temperaturänderungen der Meßkette (z. B. nach Einschalten des Thermostaten bei Arbeitsbeginn) stellt sich das elektrochemische Gleichgewicht der Elektroden (Glaselektrode und Ableitelektroden) erst nach dem Erreichen der Arbeitstemperatur (38 °C) ein. Im allgemeinen genügt eine Wartezeit von 30 min nach Erreichen der Temperatur.

Asymmetriepotential (E_s)

Ein Asymmetriepotential tritt auf, wenn die Wasserstoffionenaktivitäten der beiden Quellschichten der Glaselektrodenmembran ungleich sind (vgl. Formel 6.1). Es kann gemessen werden, wenn die Lösungen beiderseits der Glasmembran gleich sind. Aktivitätsunterschiede in den Quellschichten werden durch unterschiedliche Aufnahme von Wasser und Fremdionen verursacht. Die Fremdionenaufnahme hängt vom Elektrodenglas, vom pH-Wert des Meßgutes und von der Art und Konzentration der Fremdionen ab. Bei höheren pH-Werten werden Alkaliionen gegen Wasserstoffionen ausgetauscht (Alkalifehler). Ein Ionenaustausch oder eine Ionenaufnahme kann schon bei mittleren pH-Werten wirksam werden.
Als Konsequenz ergibt sich für Präzisions-pH-Messungen, daß

die Elektrode stets die gleiche *Vorgeschichte*[1] haben sollte. Das Asymmetriepotential wirkt bei Blut-*p*H-Messungen nur dann nicht verfälschend, wenn die Meßelektrode bei Nichtgebrauch mit einer Lösung gefüllt aufbewahrt wird, deren Ionenstärke und Zusammensetzung (z.B. Puffer E oder isotonische Kochsalzlösung) dem Blut vergleichbar ist. Bei Verwendung einer an Kaliumchlorid gesättigten Elektrolytbrücke ist es leicht möglich, daß versehentlich Kaliumchloridlösung in die Meßkapillare gesaugt wird. Konzentrierte Kaliumchloridlösung verändert das Asymmetriepotential (Verfälschung der Richtigkeit, Abb. 6.3). Die Asymmetrieänderung der Meßelektrode bildet sich auch unter der Einwirkung von reinem Wasser nur langsam zurück (Abb. 6.4).

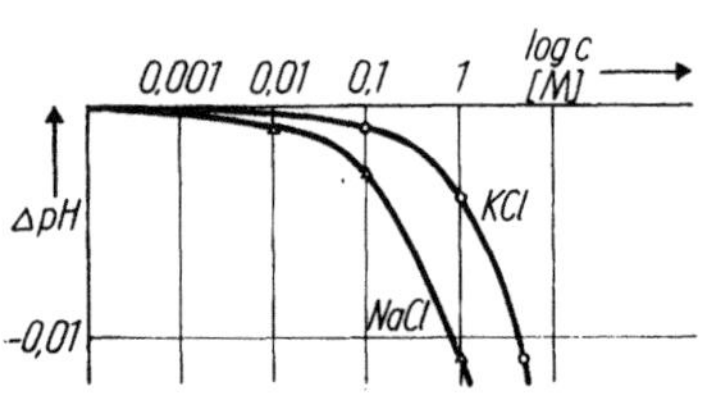

6.3

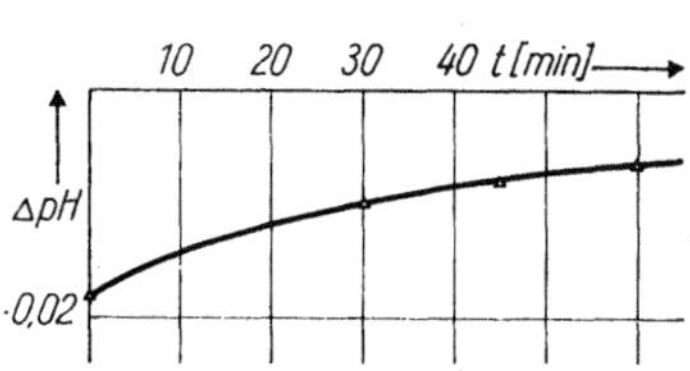

6.4

6.3 Asymmetriepotentialänderungen an einer C-Glaselektrode nach Einwirkung (je 1 min) von Kalium- und Natriumchloridlösungen unterschiedlicher Konzentration bei 38 °C

6.4 Rückbildung einer durch Natriumchloridlösung (3 M, 1 min) verursachten Asymmetriepotentialänderung an einer C-Glaselektrode durch Spülen mit Wasser bei 38 °C

Asymmetrisches Potential (E_a)

Das asymmetrische Potential wird durch die Potentialdifferenzen der Ableitelektroden gebildet.

Beispiel: Folgende Meßkette besitzt als äußere Ableitelektrode eine an Kaliumchlorid gesättigte Silber-Silberchlorid-Elektrode. Die innere Ableitelektrode ist eine an Kaliumchlorid 0,1 molare Silber-Silberchlorid-Elektrode.

[1] Die Summe der Einflüsse auf die Quellschichten der *p*H-sensitiven Glasmembran, die zu Veränderungen dieser führen, werden unter dem Begriff *Vorgeschichte* zusammengefaßt.

$$-\mathrm{Ag};\,\mathrm{AgCl},\,\mathrm{KCl_{ges.}}\,/\,\text{Meßgut}\,|\,\text{Glas}\,|\,\text{Innenpuffer},\,\mathrm{AgCl};\,\mathrm{Ag}+$$

4,54 M KCl	0,1 M KCl
$a_{Cl'} = 2{,}71$	$a_{Cl'} = 0{,}0766$
$(f_{+H} = 0{,}593)$	$(f_{\pm}) = 0{,}766)$

Das asymmetrische Potential berechnet sich zu:

$$E_a = \frac{RT}{F}\,2{,}303\log\frac{a_{Cl'_{II}}}{a_{Cl'_{I}}} = 0{,}061737\log\frac{0{,}0766}{2{,}71}$$

$$= 0{,}0955\,\mathrm{V} \text{ bei } 38\,°\mathrm{C}$$

Das asymmetrische Potential verfälscht den Meßwert nur bei Temperaturschwankungen. Sein Betrag wird durch die Eichung eliminiert.

Diffusionspotential (E_d)

An der Berührungsstelle zwischen zwei unterschiedlichen Elektrolytlösungen bildet sich ein Diffusionspotential aus. Die Ionen diffundieren in der Richtung ihres Konzentrationsgefälles in einem Geschwindigkeitsverhältnis, das der Beweglichkeit jeder Ionenart entspricht. Infolge der elektrostatischen Kräfte werden die schnelleren Ionen gebremst und die langsameren beschleunigt, so daß sich scheinbar ein Gleichgewichtszustand einstellt. Aufgrund dieser Ionentrennung bildet sich ein Spannungsgefälle aus, das als Diffusionspotential bezeichnet wird.
Das Diffusionspotential beeinflußt durch seine Größe die Richtigkeit und durch seine Schwankungen die Präzision der Meßwerte. Es bleibt klein, wenn das Meßgut an die konzentrierte Lösung eines 1–1-wertigen Elektrolyten[1] (z.B. Kaliumchlorid als Brückenelektrolyt) grenzt, deren Kationen und Anionen etwa gleiche Überführungszahlen n ($n_{K^\cdot} = 4{,}9$, $n_{Cl^\cdot} = 5{,}1$ bei 25 °C) haben. Die Diffusionspotentiale zwischen Blut und Brückenelektrolyt einerseits und Puffer und Brückenelektrolyt andererseits sollen außerdem etwa gleich groß sein bzw. die Differenz zwischen beiden Diffusionspotentialen (Restdiffusionspotential) soll über die Zeit der Messung unverändert bleiben.
Die Kontaktstelle Meßgut/Brückenelektrolyt muß möglichst

[1] 1-1-wertige Elektrolyte sind Salzlösungen aus Salzen, deren Kation und Anion jeweils einwertig sind (z.B. KCl).

definiert aufgebaut sein. Bei der probeweisen Blut-pH-Messung hat sich die offene Kapillarverbindung (∅ etwa 0,3 mm) bewährt. Keramikstifte und Glasschliffbrücken sind wegen der leichten Verschmutzung durch Blut ungeeignet. Zur kontinuierlichen Blut-pH-Messung wurden Schliffbrücken erfolgreich angewandt, wenn dafür gesorgt wird, daß der Brückenelektrolyt geringfügig ausströmen kann (Anordnung der Ableitelektrode nach der Meßkapillare). Bei zu weiten Kapillarbrücken stört die Sedimentation der Blutzellen das Diffusionspotential (instabile Meßwertanzeige). Obwohl im Kontakt mit Blut eine isotonische Elektrolytbrücke (0,15 M an KCl) Vorteile besitzt (keine Eiweißkoagulation, geringes Diffusionspotential), wird aus praktischen Gesichtspunkten meist gesättigte Kaliumchloridlösung als Brückenelektrolyt verwendet. Die an KCl gesättigte Lösung ändert ihre Konzentration durch Verdunsten von Wasser nicht. Gesättigte KCl-Lösung ergibt ein kleines und konstantes Restdiffusionspotential (wenn mögliche Membranpotentiale durch Eiweißkoagulationen unbeachtet bleiben), weil aufgrund des starken Konzentrationsgefälles vom Brückenelektrolyten zum Meßgut die Diffusion der Ionen des Meßgutes von der Diffusion der Kalium- und Chloridionen des Brückenelektrolyten überdeckt werden. Die gesättigte KCl-Lösung vermindert außerdem durch ihre höhere Dichte die Tendenz des Meßgutes, aus der Meßkapillare auszuströmen.

Vergleichende pH-Messungen an äquilibrierten heparinisierten Vollblutproben mit einer gesättigten und einer 0,15 molaren KCl-Brücke ergaben bei 38 °C keine erheblichen Unterschiede. Die mit der gesättigten KCl-Brücke gemessenen Blut-pH-Werte lagen bei Eichung mit den Puffern D und E (vgl. Tab. 6.2) um ΔpH = 0,007 höher. Dieser geringe Unterschied scheint zu belegen, daß bei Verwendung einer offenen, an Kaliumchlorid gesättigten Kapillarbrücke Membranpotentiale noch nicht störend wirksam werden.

Eine rechnerische Abschätzung des Diffusionspotentials ist mit der Hendersonschen Gleichung möglich:

$$E_d = \frac{\mathrm{R}T}{\mathrm{F}} \frac{(U_1 - V_1) - (U_2 - V_2)}{(U_1' + V_1') - (U_2' + V_2')} \ln \frac{U_1' + V_1'}{U_2' + V_2'} \tag{6.8}$$

Die Indizes 1 und 2 kennzeichnen die beiden aneinandergrenzenden Lösungen.

$$U = c_+ \cdot l_+, \qquad V = c_- \cdot l_-$$

$$U' = c_+ \cdot l_+ \cdot z_+, \qquad V' = c_- \cdot l_- \cdot z_-$$

c = Konz. in val/l $\quad l$ = Äquivalentleitfähigkeit ($cm^2/\Omega val$)

z = Valenz der Ionen

Die zu erwartenden Einzeldiffusionspotentiale liegen bei Blut-*p*H-Messungen in der Größenordnung von 2 bis 5 mV (abgeschätzt nach Gleichung (6.8), die Restdiffusionspotentiale in der Größenordnung von 1 mV (das entspricht einem Fehler der Richtigkeit von ΔpH = 0,015).
Thermodiffusionspotentiale beruhen auf einem durch die Temperaturdifferenz verursachten Konzentrationsgradienten. Die Diffusionspotentiale Puffer/Brückenelektrolyt und Blut/Brükkenelektrolyt ändern sich bei Temperaturverschiebungen nicht in gleicher Weise, so daß die Elektrolytbrücke konstant auf der Meßtemperatur gehalten werden sollte.

Glaselektrodenwiderstand

Der hohe Gleichstromwiderstand der Elektrodengläser (Tabelle 6.1) erfordert für die Messung von Glaselektrodenkettenspannungen den Einsatz eines Meßverstärkers mit einem Eingangswiderstand, der mindestens zwei Größenordnungen über dem Widerstand der Meßelektrode liegen muß. Je höher der Elektrodenwiderstand R_G liegt, um so größer werden die Störmöglichkeiten durch unzureichende Isolation der Ableitkabel und durch Kriechströme über das Schaftglas. Eine Beurteilung der elektrischen Nebenschlüsse der Glaselektrode ist nach Messung ihrer Steilheit ($S_{eff.}$ in mV/*p*H) möglich. Die Elektrodensteilheit S ist definiert als die Änderung der Meßkettenspannung in mV bei einer Veränderung des Meßgut-*p*H-Wertes um eine Einheit.

$$S = \frac{\Delta E}{\Delta p\mathrm{H}} \quad [\mathrm{mV}]$$

Die theoretisch mögliche Steilheit beträgt (vgl. Tab. 2.4):

$$S_{\mathrm{theor.}} = \frac{RT}{F} \cdot 2{,}30259 = 0{,}059155\ \mathrm{V}/p\mathrm{H\text{-}Einheit\ bei\ 25\ °C}$$

$$\text{bzw. } 0{,}061737\ \mathrm{V}/p\mathrm{H\text{-}Einheit\ bei\ 38\ °C}$$

Der Nebenschlußwiderstand (Isolationswiderstand R_N) läßt sich aus der Beziehung (6.9) berechnen:

$$R_N = \frac{R_G}{\frac{S_{theor.}}{S_{eff.}} - 1} \tag{6.9}$$

Der Isolationswiderstand ist als ausreichend zu betrachten, wenn er um den Faktor 100 über R_G liegt. Die Erniedrigung der Elektrodensteilheit wird nicht nur durch einen ungenügenden Isolationswiderstand bewirkt, sondern scheint auch von der Zusammensetzung des Elektrodenglases abzuhängen.

Tabelle 6.1 Gleichstromwiderstände einiger Elektrodengläser

Elektrodenglas-bezeichnung	Hochleitfähiges Spezialglas	Universalglas (V/17)	Alkalibeständ. Hochtemp.-Glas (XII/25)
Kurzbezeichnung	A	B	C
	SCHWABE, K. D.B.P. 974398 D.P. 9593	SCHWABE, K. D.B.P. 964108 D.P. 8268	SCHWABE, K. D.B.P. 964108 D.P. 11584 und 8268
Spezifischer Widerstand des Glases in Ω cm bei 20 °C	$(2\cdots5)\cdot10^9$	$2\cdot10^9$	$5\cdot10^{10}$
Mittlerer Wert für Q in cal nach Gleichung (6.10)	$15{,}9\cdot10^3$	$18{,}9\cdot10^3$	$19{,}6\cdot10^3$
Löslichkeit (mg) für 5 g Glas in 100 ml H_2O	82	56	—

Die starke Erhöhung der Glasleitfähigkeit mit der Temperatur (Gleichung 6.10) erlaubt, für die Blut-pH-Messung bei 38 °C Elektrodengläser mit höheren spezifischen Widerständen (C-

Glas, Tab. 6.1), aber günstigen Elektrodeneigenschaften einzusetzen.

$$\frac{d \ln R_G}{dT} = -\frac{Q}{RT} \tag{6.10}$$

Die Tabelle 6.1 enthält neben dem spezifischen Widerstand der Elektrodengläser noch die Aktivierungsenergie der Glasleitfähigkeit (Q) und die Löslichkeit der Elektrodengläser in Wasser. Obwohl diese Größen in den Prospekten der Glaselektrodenhersteller fehlen, sind sie zur Beurteilung der Elektrodengläser gut geeignet. LENGYEL und BLUM [6.6] definierten: „Die Aktivierungsenergie der Leitfähigkeit ist die Energie, die notwendig ist, um einen Platzwechsel der Ionen im Glasgefüge zu bewirken, d.h. sie aus einer Potentialmulde zu heben".
Der Ladungstransport in den Elektrodengläsern wird fast ausschließlich durch die Alkaliionen des Glases übernommen [6.7, 6.8]. Bei niedrigem Q treten die Eigenschaften des Elektrodenglases, die durch die leichtere Beweglichkeit der Alkaliionen im Glas verursacht werden, stärker hervor, z.B. die elektrische Leitfähigkeit, die Drift nach basischen Werten und damit die Messung zu hoher pH-Werte in Lösungen geringer Ionenstärke. Mit steigendem Q nehmen der Elektrodenwiderstand und die reversible Polarisierbarkeit zu, während die Drift minimal wird und die Meßwerte nur noch unmerklich durch das Elektrodenglas verfälscht werden. Unter diesem Kriterium ist von den Gläsern der Tabelle 6.1 das Glas C für Blut-pH-Messungen besser geeignet als das Glas A.

Die Löslichkeit der Elektrodengläser in Wasser liefert eine ähnliche Information wie Q. Gläser mit einer hohen Aktivierungsenergie der Glasleitfähigkeit werden von Wasser weniger angegriffen. Ihre Löslichkeit ist gering.

Meßwertdrift

Läßt man eine Glaselektrodenmeßkette mit einem Meßgut geringer Pufferkapazität stehen, so ändert sich der Meßwert nach höheren pH-Werten. Diese Erscheinung wird als Meßwertdrift bezeichnet. Die Meßwertdrift wirkt dann auf die Blut-pH-Messung störend, wenn sie den Meßwert um mehr als 0,01 pH/min verändert. Die Meßwertdrift nimmt mit steigender Pufferkapazität des Meßgutes und steigernder Aktivierungsenergie der Glasleitfähigkeit ab (Abb. 6.5). Es ist deutlich, daß das Driftverhalten mit den hydrolytischen Eigenschaften des Elektrodenglases zusammenhängt. Je niedriger die Aktivierungsenergie der Glasleitfähigkeit Q ist, um so leichter kann das Wasser in das Glas eindringen und eine Quellschicht bilden. Das ständige

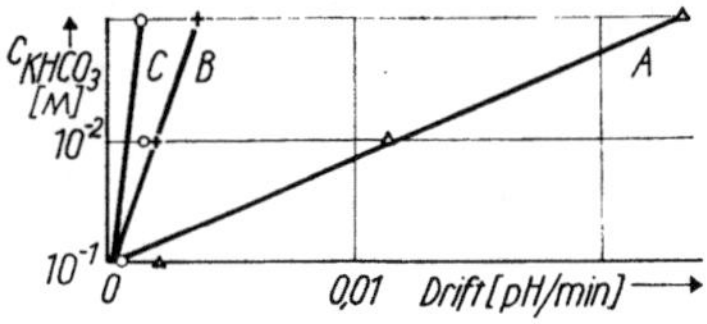

6.5 Meßwertschriften an Elektroden aus den Gläsern A, B und C in Abhängigkeit von der Meßkonzentration ($KHCO_3$ + 0,1 M KCl, pCO_2 = 53 Torr, T = 38 °C)

Tieferdringen der Quellschicht, die ihre Natriumionen gegen die Wasserstoffionen der Lösung austauscht, bewirkt eine Erhöhung der OH′-Ionenaktivität an der Phasengrenze Glas/Lösung. Da die Phasengrenze Sitz der Potentialbildung der Glaselektrode ist, resultiert eine Drift nach höheren pH-Werten.

$$H_2O \rightleftharpoons OH' + H^{\cdot}$$

$$H^{\cdot} + \text{Quellschicht-Na}^{\cdot} \xrightarrow{pH = 7} \text{Quellschicht-H}^{\cdot} + Na^{\cdot}$$

Die Addition beider Gleichungen ergibt:

$$H_2O + \text{Quellschicht-Na}^{\cdot} \rightarrow \text{Quellschicht-H}^{\cdot} + OH' + Na^{\cdot}$$

Die Geschwindigkeit dieses Vorgangs ist um so größer, je kleiner Q ist. Die Drift der Meßwerte wird auch durch die *Vorgeschichte* der Glaselektrode beeinflußt. SIGGAARD-ANDERSEN [6.9] fand, daß die Drift nach Aufbewahren der Glaselektrode in Lösungen stark unterschiedlicher Wasserstoffionenaktivitäten reversibel andere Driften zeigte. Das Driften der Meßwerte wird durch die Verwendung von Elektrodengläsern mit genügend hohem Q vermieden. Problematischer als die augenfällige Drift ist die Messung zu hoher Blut-pH-Werte (Abb. 6.6) beim Arbeiten mit zur Drift neigenden Elektrodengläsern (niedriges Q).

Die Messung von zu hohen Blut-pH-Werten mit einigen Elektrodengläsern kommt wie die Drift durch die OH'-Ionenerhöhung an der Phasengrenze zustande, wenn die Pufferkapazitäten von Eichpuffer und Meßgut sowohl klein, als auch unterschiedlich sind. Wird bei Glaselektrodenmessungen ein Driften der Meßwerte bei Blut oder Puffer E bemerkt, so muß angenommen

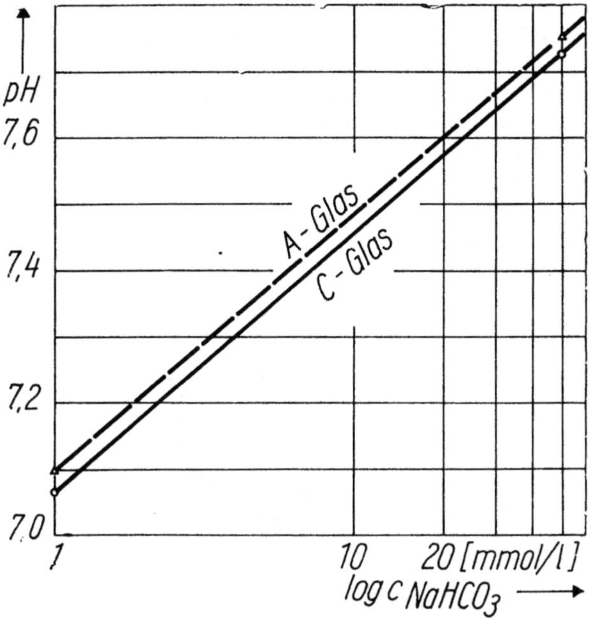

6.6 Mit A-Glaselektroden werden in Hydrogenkarbonatlösungen ($NaHCO_3$ + 0,1 M KCl) um pH = 0,02 – 0,03 höhere Werte gegenüber C-Glaselektroden gefunden (Eichung mit den Puffern D und E, pCO_2 = 40 Torr, T = 38 °C, Tab. 2.3)

werden, daß die gemessenen Blut-pH-Werte zu hoch gefunden werden. Diese Störung läßt sich nur durch die Verwendung eines geeigneteren Elektrodenglases (höheres Q) beheben. Der Vorteil, der das Arbeiten mit Elektroden aus Gläsern niedriger spezifischer Widerstände bieten könnte, kann demzufolge für Blut-pH-Messungen nicht genutzt werden.

Polarisierbarkeit

Glaselektroden mit höheren Q zeigen nach Kurzschluß über die Ströme, die sie selbst liefern, eine reversible Polarisation, die durch eine stark verzögerte Potentialeinstellung nach Aufhebung des Kurzschlusses in Erscheinung tritt [6.10]. Die Polarisation der Glaselektrode, die auch durch langes Stehen bei ungenügendem Isolationswiderstand oder zu niedrigem Eingangswiderstand des Meßwertverstärkers verursacht werden kann, läßt sich vermeiden, wenn die Meßkette bei Nichtbenutzung elektrisch unterbrochen ist (zwischen Ansaugschlauch und Elektrolytbrücke). Meßketten, deren Kettenspannung beim zu erwartenden Meßwert (etwa pH = 7,4) Null sind, unterliegen der geringsten Polarisation.

Vergleichspufferlösungen

Die Vergleichspufferlösungen sollen in ihren chemischen Eigenschaften (Ionenstärke, Pufferwert, pH-Wert) dem Meßgut ver-

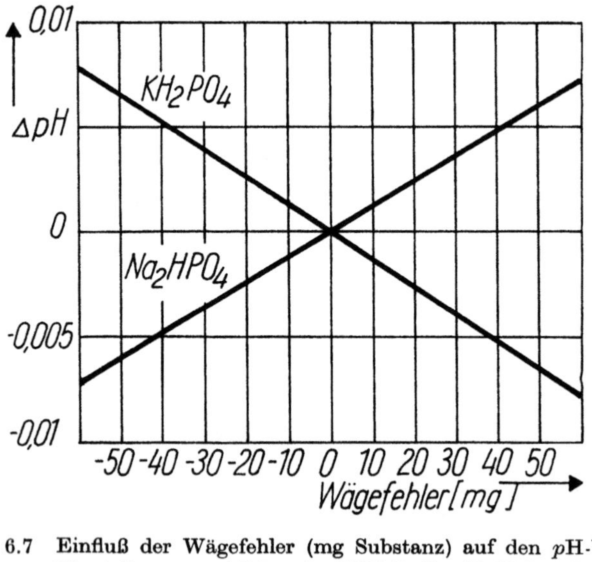

6.7 Einfluß der Wägefehler (mg Substanz) auf den pH-Wert bei der Herstellung von 1 Liter des NBS-Puffers D (Tab. 2.3)

gleichbar sein, damit „richtige“ Meßwerte erhalten werden. Die in der Tabelle 2.3 aufgeführten Phosphatpuffer D und E kommen von den bekannten Pufferlösungen in ihren Eigenschaften dem Blut am nächsten.

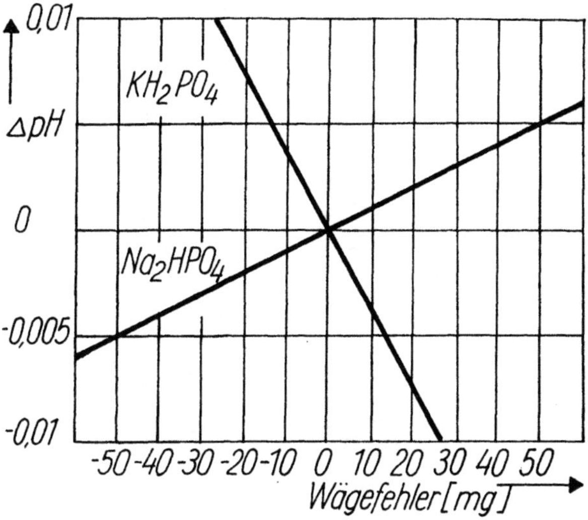

6.8 Einfluß der Wägefehler (mg Substanz) auf den pH-Wert bei der Herstellung von 1 Liter des NBS-Puffers E (Tab. 2.3)

Da bei Vergleichs-pH-Messungen mit Pufferlösungen jeder Meßwert nur so *richtig* gefunden werden kann, wie die zur Eichung benutzten Pufferlösungen sind, sollte der Einhaltung der Herstellungsvorschriften (Tab. 6.2) besondere Aufmerksamkeit geschenkt werden. Dazu gehört die Verwendung von reinsten Chemikalien, die als Puffersubstanzen gekennzeichnet sind. Das Dinatriumhydrogenphosphat nimmt beim Stehen an der Luft Kristallwasser auf. Ist der Kristallwassergehalt nicht genau bekannt, so muß das Dinatriumhydrogenphosphat (Na_2HPO_4) vor der Verwendung bis zur Gewichtskonstanz getrocknet werden. Den Abbildungen 6.7 und 6.8 ist zu entnehmen, daß Wägefehler von <10 mg Substanz bei der Bereitung von 1 l der Puffer D und E gerade noch tolerierbar sind.

Tab. 6.2 Herstellungsvorschrift für die Vergleichspufferlösungen zur Blut-pH-Messung (vgl. auch Tabelle 2.3)

	NBS-Puffer D pH = 6,840 bei 38 °C	Nach der Formel (6.11) berechneter Puffer pH = 7,000 bei 38 °C	NBS-Puffer E pH = 7,384 bei 38 °C
Zusammensetzung:			
Kaliumdihydrogenphosphat	0,025 m	0,01873 m	0,008695 m
KH_2PO_4 (Puffersubstanz)	0,0249 M	0,01868 M	0,008665 M
Dinatriumhydrogenphosphat	0,025 m	0,02709 m	0,03043 m
Na_2HPO_4 (bzw. $Na_2HPO_4 \cdot 2H_2O$) (Puffersubstanz)	0,0249 M	0,02702 M	0,03032 M
Herstellungsvorschrift: Die Puffer werden durch Auflösen der nebenstehend angegebenen Mengen an KH_2PO_4 und Na_2HPO_4 (bzw. $Na_2HPO_4 \cdot 2H_2O$ in reinem Wasser und Verdünnen auf 1 Liter Lösung (Meßkolben) bei 25 °C hergestellt. Das Na_2HPO_4 ist vor dem Gebrauch 2 Stunden zwischen 110 und 130 °C zu trocknen.	3,3887 g KH_2PO_4 3,535 g Na_2HPO_4 oder 4,432 g $Na_2HPO_4 \cdot 2H_2O$	2,542 g KH_2PO_4 3,8358 g Na_2HPO_4 oder 4,8094 g $Na_2HPO_4 \cdot 2H_2O$	1,1793 g KH_2PO_4 4,303 g Na_2HPO_4 oder 5,3968 g $Na_2HPO_4 \cdot 2H_2O$

Temperaturfunktion der *p*H-Werte:	Temperatur [°C]			
Anmerkungen:	0	6,984	7,144	7,534
1. Die Puffer sind sehr kühl	5	6,951	7,111	7,500
(4 °C) in Polyäthylenflaschen	10	6,923	7,083	7,572
im Dunkeln aufbewahrt	15	6,900	7,060	7,448
für etwa 3 Monate haltbar	20	6,881	7,041	7,429
2. m = molal = Molzahl je	25	6,865	7,025	7,413
1 kg Lösungs-	30	6,853	7,013	7,400
mittel	35	6,844	7,004	7,389
M = molar = Molzahl je	38	6,840	7,000	7,384
1 l Lösung	40	6,838	6,998	7,380
	45	6,834	6,994	7,373
	50	6,833	6,993	7,367

Die pH-Werte der beiden NBS-Puffer D und E ergeben sich aus folgendem Puffergleichgewicht:

$$H_2PO_4' \rightleftharpoons HPO_4'' + H^{\cdot}$$

$$pH = pK_2 + \log \frac{a_{HPO_4''}}{a_{H_2PO_4'}}$$

Die molalen Konzentrationen für Phosphatpuffer anderer pH-Werte der Ionenstärke 0,1 lassen sich aus den Formeln (6.11) berechnen.

$$m_{Na_2HPO_4} = \frac{0,1}{3 + 10^{-(pH - pK)}}$$

$$m_{KH_2PO_4} = 0,1 - 3\,m_{Na_2HPO_4} \qquad (6.11)$$

Als pK-Werte werden bei 38 °C 6,840 und bei 25 °C 6,865 eingesetzt.

Prüfgase

Als Prüfgase zum Äquilibrieren der Blutproben oder zum Eichen der pCO_2-Elektrode dienen zwei O_2-CO_2-Gasgemische, die etwa 3–4 % bzw. 8–9 % CO_2 in O_2 enthalten. Wichtig ist, daß die Zusammensetzung der Prüfgase genau bekannt ist. Die O_2-Konzentration > 21 % bewirkt die Sauerstoffsättigung des Hämoglobins (Hb) der äquilibrierten Blutproben. Die Bestimmung des CO_2-Gehaltes der Prüfgase kann gasvolumetrisch mit dem Analysengerät nach SCHOLANDER[1] oder über pH-Messungen an äquilibrierten Hydrogenkarbonatlösungen erfolgen.
Der Aufbau des Gasanalysengerätes nach SCHOLANDER wird durch die Abbildung 6.9 wiedergegeben. Das auf seinen CO_2-Gehalt zu untersuchende Gas wird durch Betätigen einer Mikrometerschraube (C) in ein Reaktionsgefäß (B) eingesaugt (= Gesamtvolumen in Trommelteilen). Das Gasvolumen wird nach oben durch einen Tropfen Spülflüssigkeit abgeschlossen. Durch Kippen des Apparates fließt aus einem Seitenschenkel CO_2-Absorptionsflüssigkeit (KOH) im Austausch gegen das gleiche Volumen Quecksilber (Sperrflüssigkeit) in das Reaktionsgefäß. Durch Absorption von CO_2 sinkt der Flüssigkeitstropfen in der Kapillare über dem Reaktionsgefäß ab. Durch Betätigen der

[1] DAB 7 (D.L.) „Mikrogasanalyse nach SCHOLANDER" [6.11].

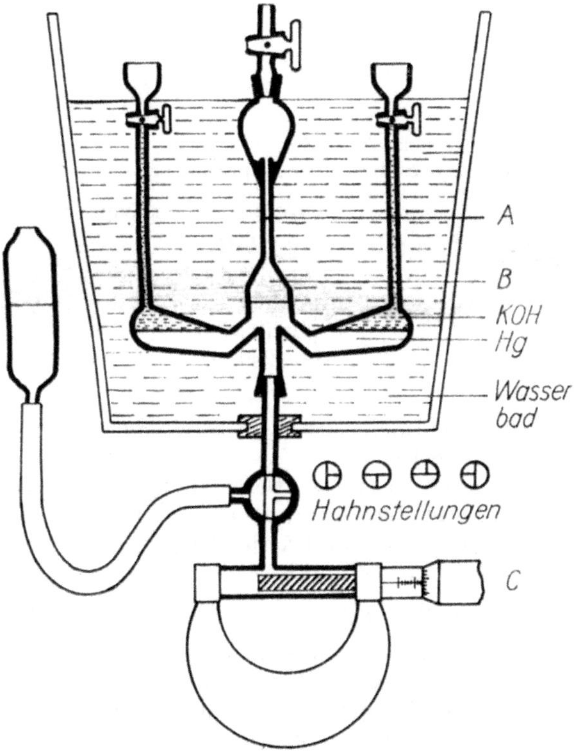

6.9 Gasanalysengerät nach SCHOLANDER

Mikrometerschraube wird der absinkende Flüssigkeitstropfen an seine ursprüngliche Markierung (A) gebracht (Ablesen des absorbierten Volumens CO_2 in Trommelteilen). Der CO_2-Gehalt (in Vol.-%) der Gasprobe berechnet sich wie folgt:

$$\text{Vol.-\% } CO_2 = \frac{\text{absorbiertes Volumen} \cdot 100}{\text{Gesamtvolumen}}$$

Die Berechnung des pCO_2 aus dem Vol.-% CO_2 für 38 °C ergibt:

$$pCO_2 = \frac{\text{Vol.-\% } CO_2}{100} \cdot (p_L - p_{H_2O}) \tag{6.12}$$

Dabei bedeuten:

p_L = Luftdruck in Torr
p_{H_2O} = Wasserdampfpartialdruck in Torr
= 50 Torr bei 38 °C

Der Analysenfehler soll $< \pm 2\%$ sein.
Reagenzlösungen für den Scholander-Apparat:

Spüllösung:
A: 1 ml H_2SO_4 (ϱ = 1,84 g/ml)
400 ml H_2O
72 g Na_2SO_4
21 ml Glycerin
B: 4 g $K_2Cr_2O_7$ mit
Wasser auf 100 ml

CO_2-Absorptionslösung:
11 g KOH,
40 mg $K_2Cr_2O_7$ und
100 ml Wasser
Sperrflüssigkeit:
Quecksilber

Als Spüllösung wird eine täglich frisch zu bereitende Mischung aus 50 ml A + 1 ml B verwendet.
Steht kein Gasanalysengerät für die Bestimmung des CO_2-Gehaltes des Prüfgases zur Verfügung, so kann der pCO_2 auch über pH-Wert-Messungen an äquilibrierter 19,91 mM $NaHCO_3$-Lösung berechnet werden [6.12].

$$\log pCO_2 = 9{,}102 - pH \tag{6.13}$$

In jede Tonometerkammer werden etwa 50 µl 19,91 mM Natriumhydrogenkarbonatlösung gefüllt und mit den zu untersuchenden Gasen bei 38 °C äquilibriert. Nach 5 Minuten werden die pH-Werte der Lösungen mit der Blut-pH-Meßkette bestimmt. Der Fehler beträgt etwa ± 2 %, wenn die pH-Werte mit einer Präzision von $\Delta pH = \pm 0{,}01$ bestimmt werden.
SIGGAARD-ANDERSEN [6.13] gibt ein analoges Verfahren an, das mit gesättigter Kalziumkarbonatlösung arbeitet (Fehler etwa ± 3 %). In jede Tonometerkammer werden einige Körnchen $CaCO_3$ z.A. und 50 µl reines Wasser gegeben. Nach Äquilibrieren mit den zu untersuchenden Gasen bei 38 °C werden die pH-Werte der Lösungen mit der pH-Meßkette bestimmt. Der Kohlendioxidpartialdruck läßt sich wie folgt berechnen:

$$\log pCO_2 = 12{,}452 - 1{,}58\,pH \tag{6.14}$$

Es ist zu beachten, daß mit den zwei zuletzt aufgeführten Methoden [Formel (6.13) und (6.14)] der Kohlendioxidpartialdruck in Torr und nicht der Gehalt in Vol.-% erhalten wird.

6.4. $p\mathrm{CO_2}$-Elektrode

Die zur direkten $p\mathrm{CO_2}$-Messung benutzten Elektroden [6.3] sind pH-Glaselektroden, die mit einer kohlendioxidpermeablen Membran überzogen sind. Der zwischen Membran und Elektrodenglas befindliche kapillare Spalt ist mit einer Hydrogenkarbonatlösung gefüllt, deren pH-Wert sich in Abhängigkeit von $p\mathrm{CO_2}$ vor der Membran ändert (Abb. 6.10). Die $p\mathrm{CO_2}$-Elektrode ist demzufolge eine modifizierte Glaselektrode. Die verwendeten Membranen (von etwa 10 μm Dicke: Teflon, Polypropylen, Polyäthylen) sind für Ionen undurchlässig.

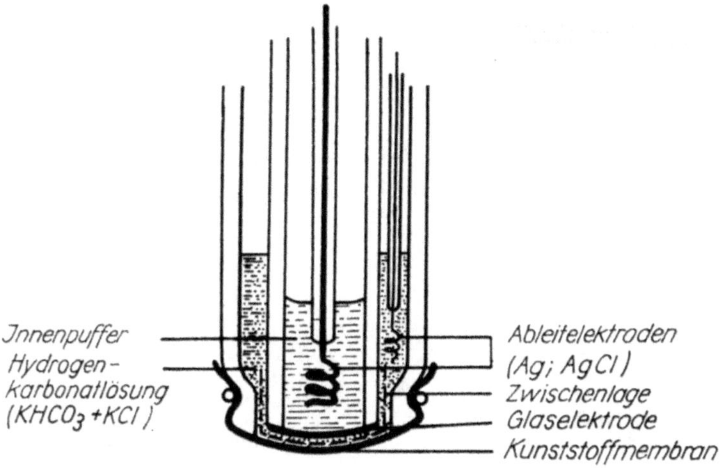

6.10 Funktionsschema einer $p\mathrm{CO_2}$-Elektrode

Die Reaktion von $\mathrm{CO_2}$ mit Wasser bzw. mit wäßriger Natriumhydrogenkarbonatlösung wird durch den Zusammenhang zwischen den Puffergleichungen für die 1. und 2. Dissoziationsstufe der Kohlensäure und der Elektroneutralitätsbeziehung gegeben:

1. Dissoziationsstufe der $\mathrm{H_2CO_3}$

$$\mathrm{H_2CO_3} \rightleftharpoons \mathrm{H^{\cdot}} + \mathrm{HCO_3'} \qquad K_1 = \frac{a_{\mathrm{H^{\cdot}}} \cdot a_{\mathrm{HCO_3'}}}{c_{\mathrm{H_2CO_3}}}\ ^{1}$$

[1] Für die Aktivität $a_{\mathrm{H_2CO_3}}$ der Kohlensäure steht die Konzentration $c_{\mathrm{H_2CO_3}}$, weil $c_{\mathrm{H_2CO_3}}$ die Summe von $\mathrm{H_2CO_3}$ + physikalisch gelöstem $\mathrm{CO_2}$ darstellt.

2. Dissoziationsstufe der H_2CO_3

$$HCO_3' \rightleftharpoons H^{\cdot} + CO_3'' \quad K_2 = \frac{a_{H^{\cdot}} \cdot a_{CO_3''}}{c_{HCO_3'}}$$

Das Ionenprodukt des Wassers ergibt sich

$$H_2O \rightleftharpoons H^{\cdot} + OH' \quad K_W = a_{H^{\cdot}} \cdot a_{OH'}$$

Die Elektroneutralitätsbeziehung erfordert, daß die Anzahl der positiven Ionenladungen in einer Lösung der Anzahl der negativen gleich ist:

$\sum$ Ladungen der Natrium- und Wasserstoffionen = $\sum$ Ladungen der Hydroxyl-, Hydrogenkarbonat und Karbonationen

Durch Kombination dieser vier Beziehungen erhält man:

$$\alpha \cdot pCO_2 = c_{H_2CO_3} = \frac{a_{H^{\cdot}}^2 + a_{Na^{\cdot}} \cdot a_{H^{\cdot}} - K_W}{K_1\left(1 + \dfrac{K_2}{a_{H^{\cdot}}}\right)} \tag{6.15}$$

In Analogie zur Steilheit für die pH-Glaselektrode wird die Empfindlichkeit (S_{pCO_2}) der pCO$_2$-Elektrode als

$$S_{pCO_2} = \frac{\Delta pH}{\Delta \log pCO_2}$$

definiert.

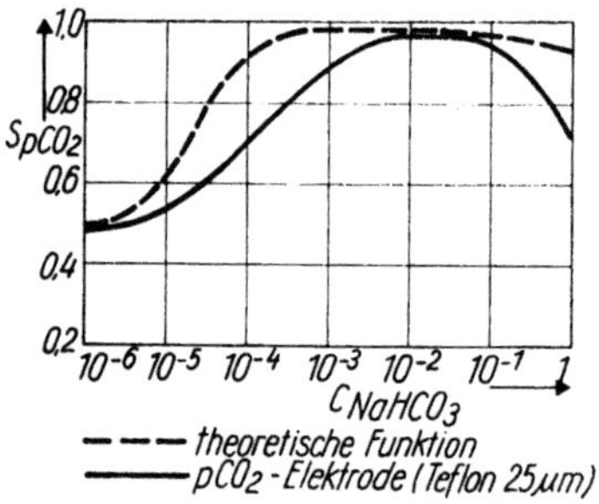

6.11 Einfluß der Hydrogenkarbonatkonzentration des kapillaren Spaltes auf die Empfindlichkeit der pCO$_2$-Elektrode (nach SEVERINGHAUS und BRADLEY [6.3])

Befindet sich im kapillaren Spalt der pCO$_2$-Elektrode Wasser, so vereinfacht sich die Gleichung (6.15) näherungsweise zu

$$\alpha \cdot pCO_2 = \frac{a_{H^{\cdot}}^2}{K_1}$$

Für S_{pCO_2} wird 0,5 berechnet.

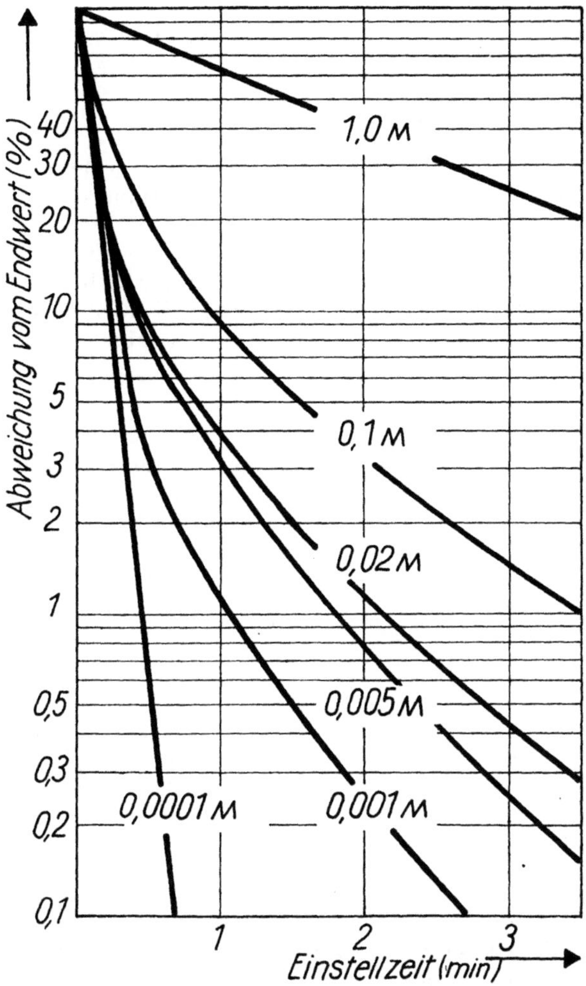

6.12 Einfluß der Hydrogenkarbonatkonzentration des kapillaren Spaltes auf die Einstellzeit der pCO_2-Elektrode (Membran: 20 μm Teflon, Zwischenlage: 50 μm Zellophan; nach SEVERINGHAUS und BRADLEY [6.3])

Wird dem System Natriumhydrogenkarbonat zugefügt, dominiert oberhalb einer Konzentration von 0,001 M an Natriumionen das zweite Glied in Gleichung (6.15). Die Beziehung nimmt näherungsweise die Form an:

$$\alpha \cdot pCO_2 = \frac{a_{H^\cdot} \cdot a_{Na^\cdot}}{K_1}$$

S_{pCO_2} erhöht sich dadurch auf 1. Die Empfindlichkeit der pCO_2-Elektrode nimmt mit der Konzentration der Natriumhydrogenkarbonatlösung im kapillaren Spalt zu (Abb. 6.11).
Da die Einstellzeit der pCO_2-Elektrode mit ansteigender Natriumhydrogenkarbonatkonzentration zunimmt (Abb. 6.12), wird für die praktische Anwendung folgende Elektrolytlösung für den kapillaren Spalt der pCO_2-Elektrode empfohlen:

0,01 M $NaHCO_3$ + 0,1 M NaCl

oder

0,01 M $KHCO_3$ + 0,1 M KCl

Die Verwendung noch dünnerer Kunststoffmembranen (Dicke < 10 µm) verkürzt zwar die Einstellzeit des Elektrodenpotentials, verbietet sich aber wegen der geringen mechanischen Festigkeit.

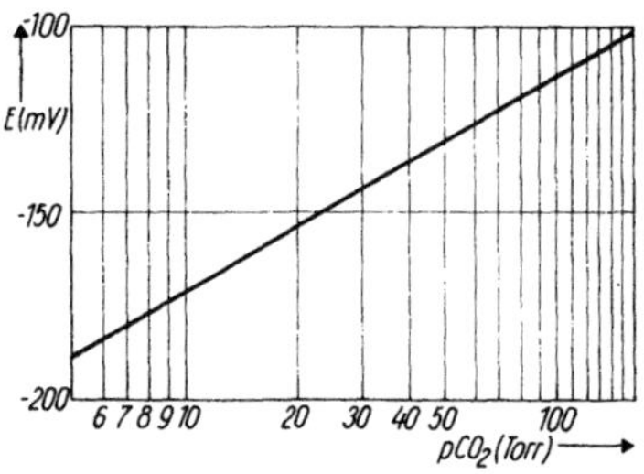

6.13 Funktion einer pCO_2-Elektrode bei 25 °C (kapillarer Spalt: 0,01 M $KHCO_3$ + 0,1 M KCl)

Wird mit einer optimierten Natrium- bzw. Kaliumhydrogenkarbonatlösung gearbeitet, so findet man für die Elektrodenfunktion (Abb. 6.13) exakt:

$$\Delta \log pCO_2 = -\Delta pH \tag{6.16}$$

Zur Messung der hochohmigen Spannung der pCO_2-Elektrode wird ein pH-Meßverstärker verwendet, dessen Meßwerkskale zweckmäßig zur direkten Ablesung des pCO_2 in Torr logarithmisch geteilt ist. Die Eichung wird mit Gasgemischen bekannter Kohlendioxidpartialdrucke vorgenommen.

6.5. Meßverstärker für die pH- und pCO_2-Messung

Die Tatsache, daß erst die Entwicklung der Verstärkertechnik eine Voraussetzung für die routinemäßige Anwendung der Säure-Basen-Analyse des Blutes war, mag die Bedeutung dieser Geräte für die Meßapparatur unterstreichen.

Der hohe Gleichstromwiderstand der Glaselektrodenmeßketten (etwa 100000000 Ω) für pH und pCO_2 macht die Verwendung von technisch aufwendigen, hochohmigen Gleichspannungsverstärkern erforderlich. Da sich die Meßkettenspannung je ΔpH $= 1$ (bzw. je $\Delta \log pCO_2 = 1$) nur um etwa 61 mV bei 38 °C ändert, muß die Anzeigestabilität des Verstärkers extrem hoch sein.

Soll der pH-Wert auf 0,01 Einheit bestimmbar sein, so darf der Verstärker während des Meßvorgangs nicht mehr als $\pm 0{,}3$ mV schwanken.

Um die Meßkettenspannung direkt als pH bzw. pCO_2 anzeigen zu können, ist neben geeigneten Meßbereichen (und geeignet geteilten Meßwerkskalen) die Möglichkeit erforderlich, durch eine interne Konstantspannungsquelle die anliegende Kettenspannung teilweise zu kompensieren und den Verstärkungsgrad

$$\left(\frac{\text{Anzeige in } p\text{H}}{\text{Kettenspannung in mV}}\right)$$

zu variieren.

Das an einigen pH-Meßverstärkern angebrachte Bedienelement für die Temperaturkompensation ist nicht erforderlich, da es parallel zu dem Bedienelement für den Verstärkungsgrad (Steilheit, Elektrodenfunktion) arbeitet und durch dieses vertretbar ist. Das Bedienelement für die Temperaturkompensation verändert lediglich den Verstärkungsgrad entsprechend dem Glied $2{,}303 \cdot \mathrm{R}T/\mathrm{F} = 0{,}0001984 \cdot T$ in Gleichung (6.7), welches aber nur eines der temperaturvariablen Glieder dieser Gleichung ist.

Tabelle 6.3 enthält eine Aufstellung der technisch sinnvollen Forderungen, die an einen für Säure-Basen-Analysen des Blutes vorgesehenen Meßverstärker gestellt werden sollten.

Tabelle 6.3 Technisch sinnvolle Anforderungen an einen pH-Meßverstärker für Säure-Basen-Analysen des Blutes

Hochohmiger Gleichspannungsverstärker mit	Eingangswiderstand $> 10^{10}\,\Omega$
– variablem Verstärkergrad	etwa 45 bis 65 $\frac{\text{mV}}{p\text{H}}$
– Kompensation eines Teiles der Meßkettenspannung	Konstantspannung variabel mindestens $\pm$ 60 mV
pH-Meßbereiche	pH = 6,8 bis 8,0 geteilt in 0,01 und pH = 0 bis 14 geteilt in 0,1
Isolationsgrad	Eingang $> 10^{10}\,\Omega$ gegen Erde für die Referenzelektrode $10^{7}\,\Omega$ gegen Erde
Präzision der Anzeige	ΔpH = $\pm$ 0,005 für den gespreizten Meßbereich über wenigstens 15 min
Meßwerk	Klasse 0,5
Beim Schließen des Schalters für den Verstärkereingang muß die Meßkette abgetrennt sein	
Lage des elektrischen Nullpunktes für das Meßwerk möglichst in der Nähe des einen der beiden NBS-Puffer (z.B. bei Skalenteilen 6,8 oder 7,4).	

6.6. pO$_2$-Messung

Für hypoxisches Blut sind die Werte für BÜ und pCO$_2$ von der aktuellen Sauerstoffsättigung des Blutes ausgehend zu korrigieren [vgl. Formel (2.54)]. Die Kenntnis der Sauerstoffsätti-

gung des Blutes, die aus dem aktuellen pO_2 und dem aktuellen pH-Wert gewonnen werden kann, ist deshalb bei Hypoxieverdacht zur Beurteilung der Säure-Basen-Werte erforderlich.
Die Messung des Sauerstoffpartialdruckes des Blutes wird mit pO_2-Elektroden [6.3, 6.14] in Verbindung mit einem pO_2-Meter (Stromverstärker) vorgenommen.[1]

pO_2-Elektroden

Die voltametrische Bestimmung des Sauerstoffpartialdruckes arbeitet mit Meßketten, die eine polarisierbare Edelmetallkatode, eine unpolarisierbare Ableitelektrode (vgl. Elektroden 2. Art) und einen indifferenten Elektrolyten (z.B. gesättigte Kaliumchloridlösung) hinter einer sauerstoffdurchlässigen Membran (z.B. Polyäthylen, Polypropylen von etwa 20 µm Dicke) enthalten (Abb. 6.14).

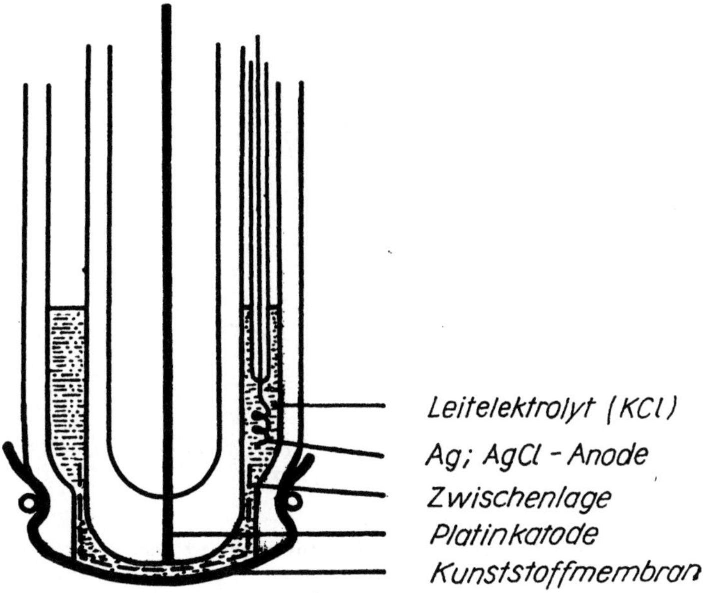

6.14 Funktionsschema der pO_2-Elektrode

[1] Vgl. auch DAB 7 (D.L.) „Sauerstoffpartialdruck" [6.11].

Wird zwischen beide Elektroden in Abwesenheit von Sauerstoff eine kleine Gleichspannung gelegt, so gilt das Ohmsche Gesetz in der Form:

$$i = \frac{E - P}{R}$$

Durch die an der Katode erfolgende Reaktion bildet sich eine der angelegten Spannung E entgegengerichtete EMK aus, die als Polarisation P bezeichnet wird. Die Gegen-EMK bringt den Stromfluß i fast zum Erliegen.
Diffundiert Sauerstoff durch die Membran an die Edelmetallkatode, so wird er dort reduziert. Die Katodenreaktion (Depolarisation) ermöglicht wieder einen Stromfluß. Ist die Pola-

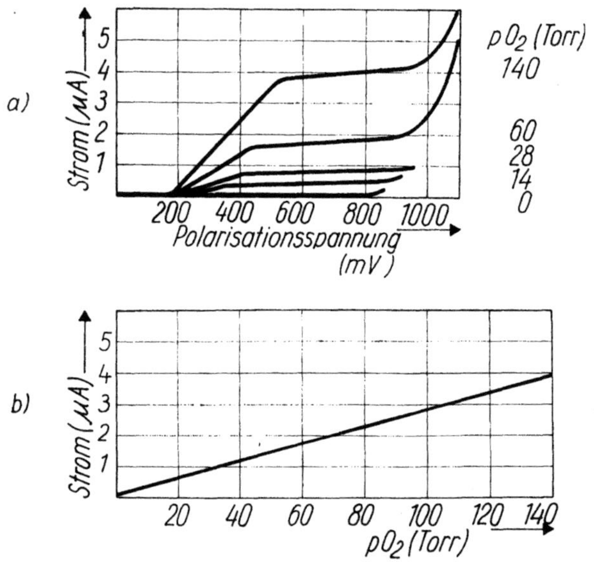

6.15 Funktionen der pO_2-Elektrode
a) Sauerstoffpolarogramme; die Stufenhöhe ist dem pO_2 proportional
b) Sauerstoffeichkurve einer pO_2-Elektrode bei einer Polarisationsspannung von 700 mV (Anode: gesättigte Silber-Silberchlorid-Elektrode)

risationsspannung zwischen den beiden Elektroden genügend hoch, um alle andiffundierenden Sauerstoffmolekeln zu reduzieren, so hängt der Stromfluß bei konstanten Meßbedingungen nur vom Sauerstoffpartialdruck vor der Elektrodenmembran ab (Abb. 6.15).
Die schon von NERNST angegebene Gleichung (6.17) für den Diffusionsgrenzstrom i_D gibt an, welche Faktoren den Strom der pO_2-Elektrode beeinflussen:

$$i_D = \frac{n \cdot F \cdot D \cdot A \cdot pO_2}{\delta} \qquad (6.17)$$

$n \cdot F$ = überführte Ladung
D = modifizierter Diffusionskoeffizient
A = effektive Elektrodenfläche
δ = Diffusionsschicht

Der Meßkettenstrom hängt nicht nur von dem allein interessierenden Sauerstoffpartialdruck des Meßgutes ab, sondern ebenso von der Temperatur (über D und δ), der Bewegung des Meßgutes (über δ) an der Membranaußenseite, der wirksamen Elektrodenoberfläche (A), der Viskosität des Meßgutes (über D und δ) und dem Membranmaterial (über D in der Membran und δ).
Die stabilsten Meßwertanzeigen erhält man mit Elektroden, deren Katodendurchmesser in der Größenordnung der Elektrodenmembrandicke liegen (geringe Sauerstoffzehrung der Meßkette). Der Durchmesser der Katodenumhüllung soll gegenüber dem Katodendurchmesser groß sein (geringer Reststrom).

pO_2-Meter

Zur pO_2-Messung sind Stromverstärker geeignet, die die für die Polarisation der Katode erforderliche konstante Spannung (von etwa 700 mV) liefern können und eine stabile Verstärkung der durch die pO_2-Elektrode fließenden Ströme ermöglichen. Da der erforderliche Strommeßbereich von Elektrode zu Elektrode unterschiedlich sein kann, muß der Meßbereich des pO_2-Meters variabel sein ($i = 10^{-5}$ bis 10^{-9} A). Die Meßwerkskale sollte für die direkte Ablesung des Sauerstoffpartialdruckes in Torr mit 150 (um Lufteichung zu ermöglichen), mindestens aber mit 110 Skalenteilen versehen sein.

pO_2-Messung

Die Eichung einer pO_2-Meßanordnung kann durch zwei Lösungen bekannter Sauerstoffpartialdrucke vorgenommen werden, wenn ihre Viskosität der des Blutes vergleichbar ist.

1. Eichpunkt: sauerstofffreie Lösung (frischbereitete Lösung von $NaHSO_3$).
2. Eichpunkt: eine mit Luft (temperiert und wasserdampfgesättigt) äquilibrierte Blutprobe.

Die Berechnung des pO_2 der Blutprobe erfolgt analog zur Formelbeziehung (6.12). Der Sauerstoffgehalt der Luft beträgt 20,8 Vol.-%.

6.7. Tonometer

Aufgabe des Tonometers ist es, kleine Blutproben (etwa 30 µl) schnell und sicher (ohne Veränderungen durch Wasserverlust und Hämolyse) mit Gasen zu äquilibrieren (Abb. 6.16). Entscheidend für den Äquilibriereffekt ist die Gestaltung der Tonometerkammer (Gasführung) und ihre Bewegung. Die Äquilibrierung wird bei der Meßtemperatur mit angewärmten und wasserdampfgesättigten Gasen durchgeführt. Unter Routinebedingungen sollte eine Äquilibrierzeit von 3 Minuten bei einer Meßgutmenge von 50 µl und einem Gasdurchsatz von etwa 18 l/h bei 38 °C nicht unterschritten werden. Ein Äquilibrieren von länger als 10 Minuten ist wegen der möglicherweise beginnenden Hämolyse zu vermeiden.

6.8. Praktische Bestimmung der Säure-Basen-Größen

Materialgewinnung

Für Säure-Basen-Untersuchungen ist nur das arterielle Blut geeignet. Bei Kapillarblutabnahme aus dem Ohr wird Blut durch einen tiefen Schnitt aus hyperämisierten Kapillargefäßen gewonnen [6.16]. Der Proband soll entspannt sein (liegen oder sitzen) und während der Blutabnahme so atmen wie zuvor.

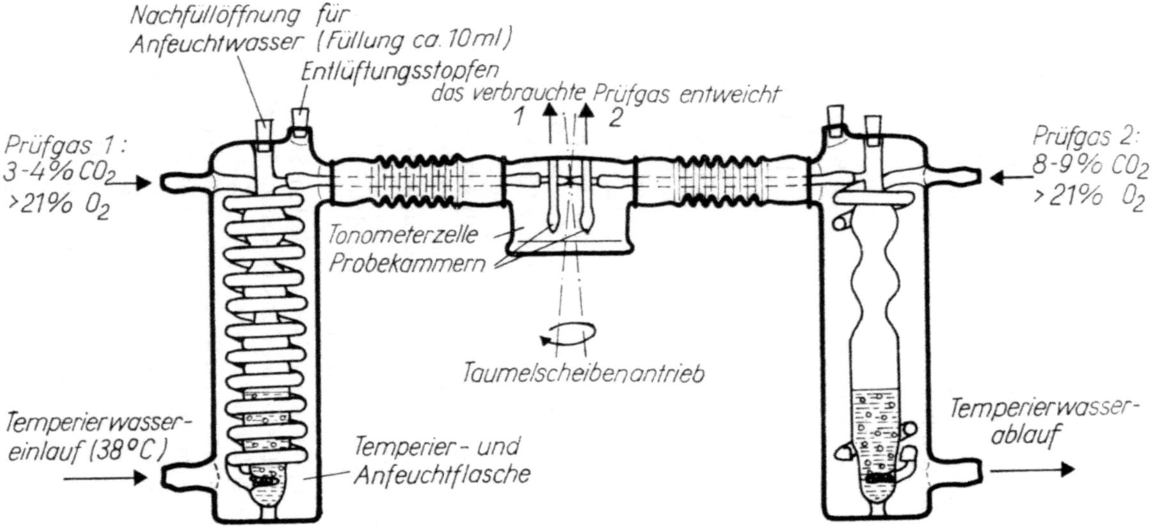

6.16 Funktionsschema des Tonometers MT 66

6.16 Funktionsschema des Tonometers MT 66

Die Hyperämisierung des Ohrläppchens wird durch Einreiben mit FINALGON®-Salbe erreicht (wirksame Bestandteile Nikotinsäure-β-butoxyäthylester und Nanylsäure-vanillylamid). Bei Säuglingen lassen sich die Kapillarblutabnahmen bequemer an der hyperämisierten Ferse vornehmen. Für Säure-Basen-Untersuchungen an Foeten unter der Geburt beschrieben HERTEL und BURK [6.17], die Technik der endoskopischen Mikroblutentnahme aus der Kopfschwarte (Hyperämisierung durch Äthylchlorid).

Das Kapillarblut ist dem arteriellen Blut praktisch äquivalent, wenn der Blutfluß frei und rasch erfolgt und wenn die periphere Perfusion intakt ist. Im Schock darf Kapillarblut nicht für Säure-Basen-Analysen verwendet werden. Bei Erkrankungen mit venösem Rückstau ist das Blut anaerob durch Arterienpunktion zu gewinnen. Venöses Blut, das von ruhenden Probanden entnommen wurde, kann im Rahmen von Gesamtelektrolytbestimmungen zur Abschätzung des Säure-Basen-Status verwendet werden. Als gerinnungshemmender Zusatz darf nur HEPARIN in einer Konzentration von etwa 100 E/ml Blut angewandt werden. Höhere Heparinkonzentrationen senken den Blut-pH-Wert (130 E/ml Blut: $\Delta p\mathrm{H} = -0{,}003$, $\Delta p\mathrm{CO_2} = +0{,}1$ Torr, $\Delta \mathrm{BÜ} = -0{,}2$ mval/l nach SIGGAARD-ANDERSEN [6.18]). Andere Antikoagulantien, wie EDTA, Zitrat oder Oxalat haben einen signifikanten Einfluß auf die Säure-Basen-Verhältnisse des Blutes und dürfen daher nicht verwendet werden. Das in einigen Arbeiten noch empfohlene Natriumfluorid als gerinnungshemmende Substanz ist abzulehnen. Einmal wegen der Hydrolyse des NaF, zum anderen weil Fluoridionen die Zellenzyme inhibieren [6.18].

Das Blut wird direkt in die heparinisierten Sammelgefäße abgenommen und in diesen verschlossen bis zur Durchführung der Analyse aufbewahrt. Bei Verwendung von Kapillarröhrchen von etwa 75 µl Füllvolumen muß auf luftblasenfreie Füllung und gute Heparinisierung geachtet werden. Zum Mischen der Blutprobe mit dem angetrockneten HEPARIN kann ein rostfreier Eisenstift eingeführt werden, der von außen durch einen Magneten bewegt wird. Die blutgefüllten Kapillaren werden zur Aufbewahrung mit einer inerten Paste (z. B. Paraffin Fp. 56 °C) verschlossen. Werden Glasspritzen (bei Arterienpunktion) benutzt, so ist auf deren Dichtheit zu achten. Der Spritzentotraum

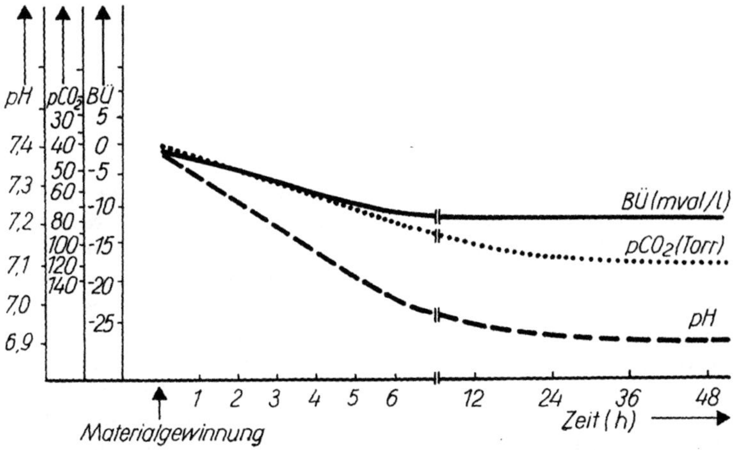

6.17 Änderung der Säure-Basen-Größen des Blutes während 48 Stunden in vitro bei 38 °C (nach SIGGAARD-ANDERSEN 1961 [6.18])

wird mit Heparin gefüllt. Zum Mischen kann eine kleine Glaskugel in die Spritze gegeben werden. Die Blutabnahme sollte mit einer weitlumigen Kanüle über mindestens eine Minute ausgedehnt werden, um mechanische Hämolyse zu vermeiden.

Die gewonnenen Blutproben sollten sofort analysiert werden, da die Veränderungen in vitro auch unter anaeroben Bedingungen mit der Temperatur und dem Gehalt an weißen Blutzellen variieren. SIGGAARD-ANDERSEN [6.18] bestimmte an anaerob aufbewahrten Blutproben in Abhängigkeit von Temperatur und Zeit folgende Veränderungen der Säure-Basen-Größen (vgl. Tab. 6.4).

Tabelle 6.4 Abhängigkeit der Säure-Basen-Größen von der Zeit und Temperatur in vitro (vgl. auch Abb. 6.17)

Temperatur [°C]	$\frac{\Delta pH}{h}$	$\frac{\Delta BÜ}{h}$ [mval/l · h]	$\frac{\Delta pCO_2}{h}$ [Torr/h]
38	− 0,062 ± 0,021	− 1,9 ± 0,4	4,8 ± 1,3
22–24	− 0,024 ± 0,012	− 0,5 ± 0,2	2,5 ± 1,1
0– 4	− 0,006 ± 0,004	− 0,1 ± 0,2	0,6 ± 0,6

Für die klinische Routine haben sich Wartezeiten bis 20 min bei Zimmertemperatur als noch vertretbar erwiesen. Leukämieblut muß auf jeden Fall sofort der Messung zugeführt werden.

Äquilibriertechnik (Astrup-Methode)

Die analytische Bestimmung des Säure-Basen-Status (*p*H, pCO_2, BÜ) des Blutes nach ASTRUP beruht auf drei elektrometrischen *p*H-Messungen mit einer Glaselektrode an einer Blutprobe bei verschiedenen Kohlendioxidpartialdrucken. Gemessen werden der *p*H-Wert der vor Gasaustausch mit der Luft geschützten Blutprobe bei 38 °C und die *p*H-Werte der gleichen Blutprobe, die in einem Tonometer mit zwei Gasgemischen (mit etwa 4 bzw. 8 % CO_2 in O_2) äquilibriert wurden. Die Meßapparatur besteht aus der *p*H-Meßkette für etwa 30 µl Meßgut, dem Präzisions-*p*H-Meßverstärker, dem Mikrotonometer mit zwei

Schema für die praktische Ausführung der Astrup-Technik

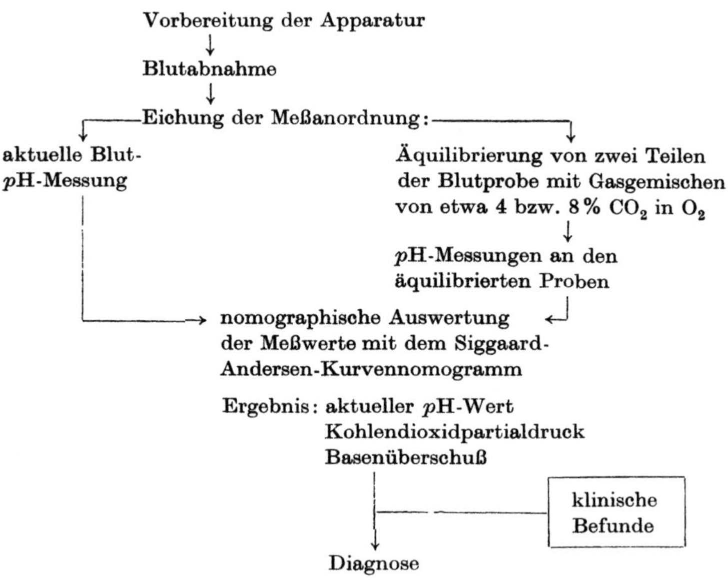

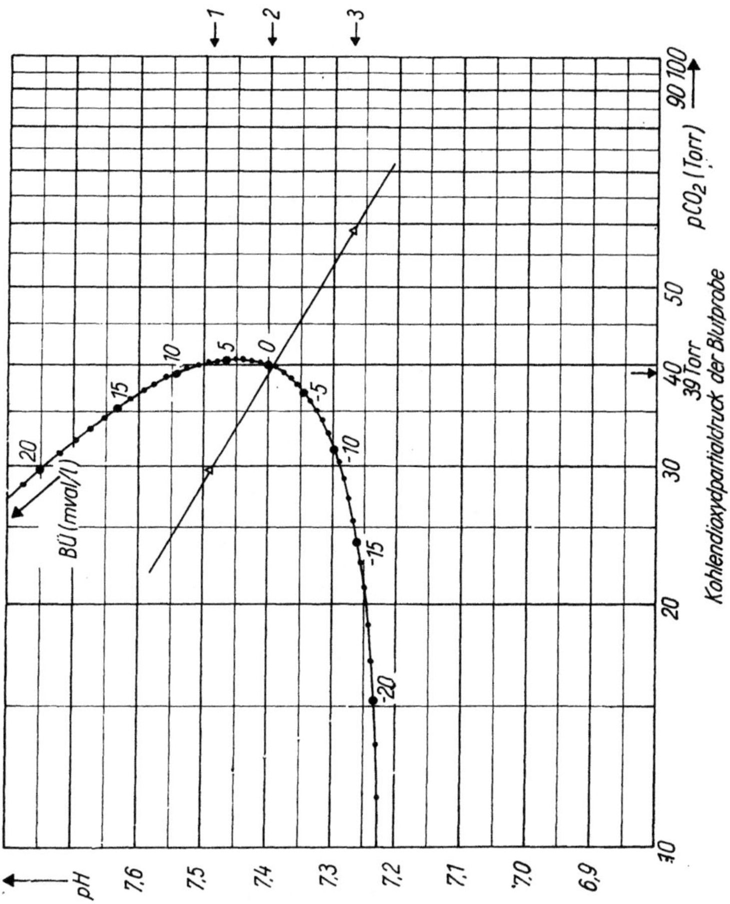

6.18 **Kurvennomogramm zur Säure-Basen-Analyse (modifiziert nach SIGGAARD-ANDERSEN, 1962 [6.15])**
Anwendungsbeispiel:
1 pH = 7,49
pH-Wert der mit dem Gas 1 (pCO$_2$ = 29,8 Torr) äquilibrierten Blutprobe
2 pH$_a$ = 7,40, aktueller Blut-pH-Wert
BÜ = – 0,5 mval/l
3 pH$_2$ = 7,17, pH-Wert der mit dem Gas 2 (pCO$_2$ = 59 Torr) äquilibrierten Blutprobe

Mischgasflaschen und dem Thermostaten. Die nomographische Auswertung geht von der graphischen Darstellung der Henderson-Hasselbalch-Gleichung aus[1]. Zur Ermittlung des aktuellen

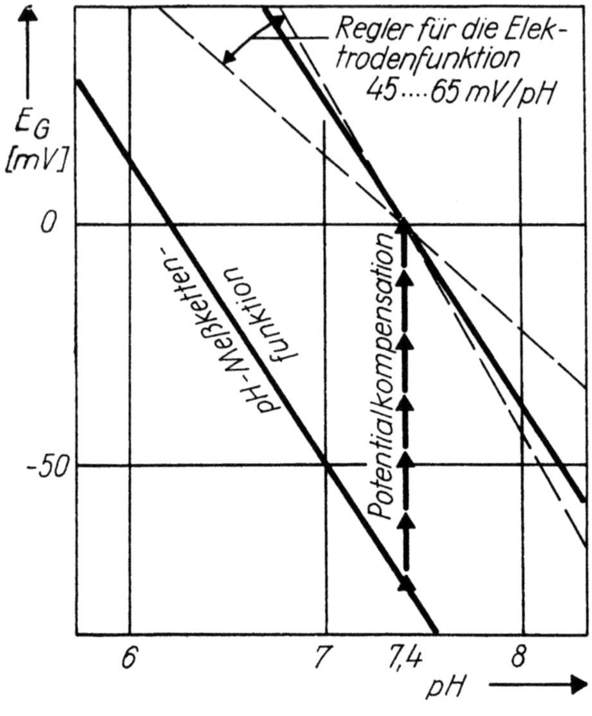

6.19 **Anpassung des Meßverstärkers an die Eigenschaften der *p*H-Meßkette bei der Eichung der Meßanordnung**
1. Schritt: Verschiebung der *p*H-Meßzellenfunktion mit dem Bedienelement „Potentialkompensation" bis beim Puffer E (Tab.2.3) am Verstärker die Meßzellenspannung „Null" ist.
2. Schritt: Anpassung des Verstärkungsgrades an die Steilheit der Meßzellenfunktion durch Betätigen des Steilheitsreglers bei Puffer D (Tab. 2.3).

---

[1] Vgl. DAB 7 (D.L.) „Prüfung des Säure-Basen-Gleichgewichtes, Methode II" [6.11].

Kohlendioxidpartialdruckes werden die Meßwerte in das modifizierte Siggaard-Andersen-Nomogramm (Abb. 6.18) eingetragen.
Die beiden korrespondierenden pH/pCO_2-Wertepaare gestatten die Konstruktion der individuellen CO_2-Dissoziationskurve des Blutes, für die in Näherung Linearität für $pH/\log pCO_2$ besteht. Vom aktuellen pH-Wert ausgehend, wird durch graphische Interpolation über die individuelle $pH/\log pCO_2$-Gerade der aktuelle pCO_2 gefunden. Der Basenüberschuß ergibt sich als Schnittpunkt der $pH/\log pCO_2$-Linie mit der Basenüberschußkurve des Nomogramms.
Zur Vorbereitung der Apparatur gehören das Einquellen der Meßkapillare (bei erstmaliger Inbetriebnahme zwei Tage), das Temperieren der gesamten Meßkette (30 min nach Erreichen

Tabelle 6.5 Meßschema für Säure-Basen-Messungen (Äquilibriertechnik)

Reihenfolge der Arbeitsschritte	Zeit [min] etwa	Füllung der Meßkapillare	Manipulation
1. Eichung	1	Puffer E pH = 7,384 bei 38 °C	Luftblasenfreies Aufsaugen des Puffers E, nach 1 min den Meßwerkzeiger auf den Skalenteil pH = 7,384 mit dem Bedienelement Potentialkompensation.
2. Zwischenspülung	0,5	Natriumchloridlösung (0,9 g/100 ml)	Absaugen des Puffers; mit Natriumchloridlösung durchspülen.
3. Eichung	1	Puffer D pH = 6,840 bei 38 °C	Durchsaugen von etwas Puffer D, dann luftblasenfrei mit diesem füllen, nach einer Minute den Zeiger des Meßwerkes mit dem Steilheitsregler auf den Skalenteil pH = 6,840 einstellen.
4. Zwischenspülung	0,5	Natriumchloridlösung	wie 2.

Tabelle 6.5 Fortsetzung

Reihenfolge der Arbeitsschritte	Zeit [min] etwa	Füllung der Meßkapillare	Manipulation
5. Kontrolle der Eichung	1	Puffer E	Zeiger muß beim Skalenteil pH = 7,384 stehen, sonst Wiederholung der Eichung wie 1.–5.
6. Zwischenspülung	0,5	Natriumchloridlösung	wie 2.
7. Kontrolle der Eichung	1	Puffer D	Zeiger muß beim Skalenteil pH = 6,840 stehen, sonst Nachstellen wie unter Eichung beschrieben.
8. Zwischenspülung	0,5	Natriumchloridlösung	wie 2.
9. Messung	1	heparinisiertes Blut	Falls ausreichend Meßgut zur Verfügung steht, ist ein Teil desselben durchzusaugen, dann luftblasenfrei zu füllen. 1 min nach der Füllung der Kapillare den Meßwert ablesen.
10. Zwischenspülung Eichkontrolle	0,5	Natriumchloridlösung	Sauberspülen der Meßkapillare mit NaCl; arbeitet das Meßsystem einwandfrei, so genügt die Kontrolle der Eichung mit dem Puffer E nach mehreren Blut-pH-Messungen. Zwischen zwei Blut-pH-Messungen ist aber stets mit NaCl-Lösung zu spülen.
11. Beendigung der Messung			Die Meßkapillare wird mit NaCl-Lösung gefüllt so aufgestellt, daß der Ansaugschlauch keinen Kontakt mit dem Brückenelektrolyten bekommt.

der Temperatur) und das Ermitteln des Kohlendioxidpartialdruckes der Prüfgase.
Abbildung 6.19 zeigt schematisch, wie durch Einstellung ein pH-Meßverstärker an die Eigenschaften der pH-Meßkette angepaßt wird. Wir fanden die höchste Präzision, wenn wir die Eichung und Messung nach folgendem Schema (Tabelle 6.5) durchführten. Die Reihenfolge der Messungen an den beiden Eichpuffern hängt vom Konzept des verwendeten Meßverstärkers ab. Die Eichung wird mit dem Puffer begonnen, dessen pH-Wert auf der Meßwerkskale dem elektrischen Nullpunkt (Zeigerstellung des Meßwerkes bei ausgeschaltetem Gerät) am nächsten liegt.

Technik der separativen Bestimmung von pH-Wert und Kohlendioxidpartialdruck

Die Entwicklung selektiv arbeitender pCO_2-Elektroden ermöglicht die direkte Messung des aktuellen pCO_2 neben dem aktuellen pH des Blutes. Die Anwendung der separaten Bestimmung von Blut-pH und Blut-pCO_2 mit Elektroden erfordert zwar weniger Zeit als die Äquilibriertechnik, muß aber mit einem höheren gerätetechnischen Aufwand erkauft werden. Neben den Meßketten für pH und pCO_2 sind zwei Meßverstärker, ein Thermostat und Eichgase erforderlich. Für die Ermittlung des Basenüberschusses ist zusätzlich ein Fotometer zur Hb-Bestimmung nötig.
Das aktuelle Hydrogenkarbonat kann über die Henderson-Hasselbalch-Gleichung (2.46) berechnet werden:

$$**HCO_3' = (\alpha \cdot pCO_2) \cdot 10^{pH - pK} \qquad (6.18)$$

Schneller ist die Auswertung über das Fluchtliniennomogramm nach SIGGAARD-ANDERSEN [6.19], Abb. 6.20, möglich[1].
Die aktuellen Werte für pH und pCO_2 werden in das Nomogramm eingetragen und durch eine Gerade verbunden. Die Verlängerung der Geraden schneidet die Leiter für das aktuelle Hydrogenkarbonat und den Fächer für den Basenüberschuß. An den Schnittpunkten lassen sich die Werte für aktuelles Hy-

[1] Vgl. DAB 7 (D.L.) „Prüfung des Säure-Basen-Gleichgewichtes, Methode I“ [6.11].

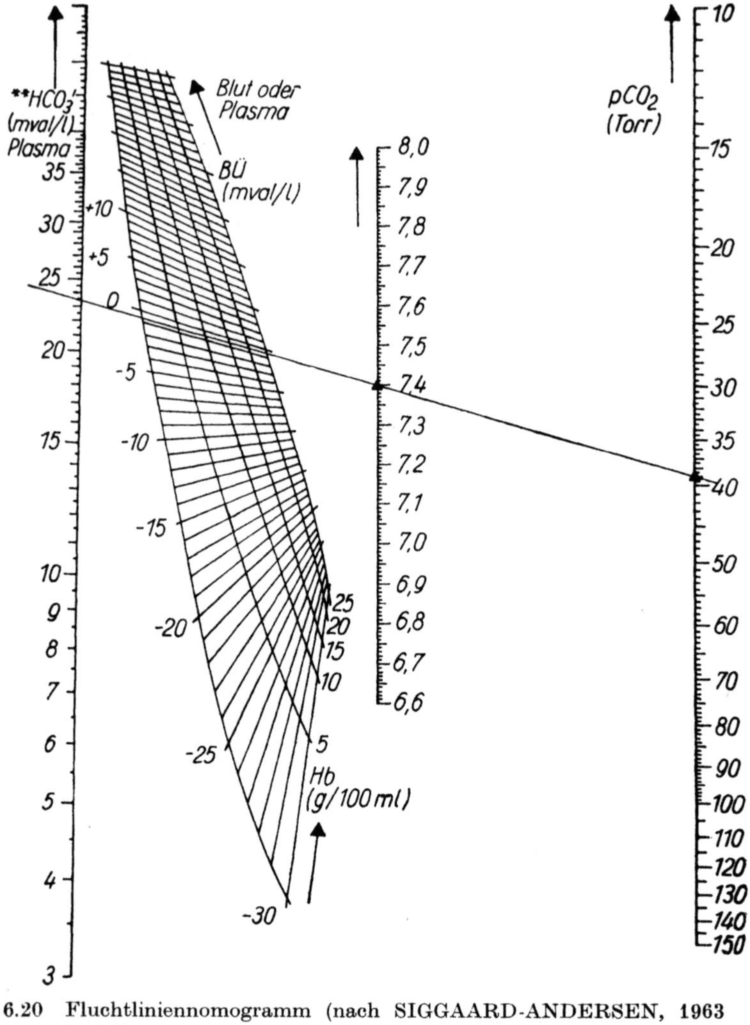

6.20 Fluchtliniennomogramm (nach SIGGAARD-ANDERSEN, 1963 [6.19])
Anwendungsbeispiel: aktueller Blut-pH-Wert = 7,40; aktueller pCO$_2$ = 39 Torr nach Eintragung ins Nomogramm (▲) ist der Basenüberschuß mit −0,5 mval/l bei einer Hämoglobinkonzentration von 15 g/100 ml Blut und das aktuelle Hydrogenkarbonat des Plasmas mit 13,4 mval/l ablesbar.

drogenkarbonat und Basenüberschuß ablesen. Für die nomographische Ermittlung des Basenüberschusses ist die Kenntnis der Hämoglobinkonzentration (in g/100 ml) erforderlich.

Schema für die Ausführung von Säure-Basen-Analysen des Blutes aus den separaten bestimmten Werten für pH und pCO_2

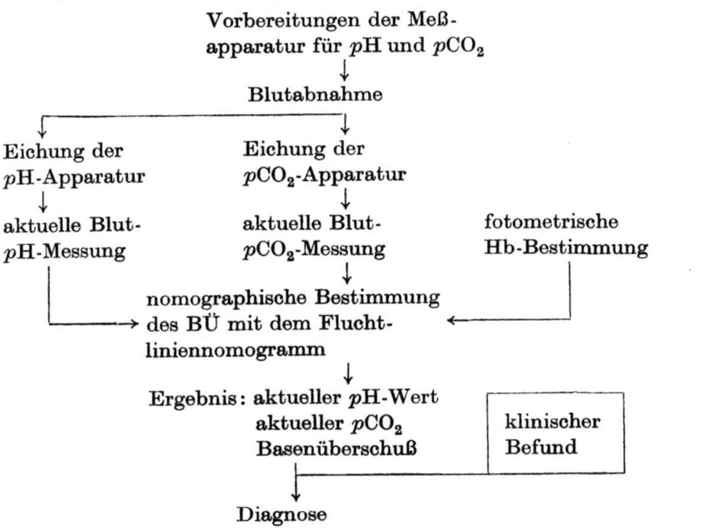

Die separate Bestimmung des pH-Wertes und des pCO_2 kann auch mechanisiert nacheinander in einer Probe erfolgen. Die größere Leistungsfähigkeit dieser Technik unterstreicht ihre zukünftige Bedeutung für die routinemäßige Bewältigung der in den Kliniken in ständig steigenden Zahlen anfallenden Säure-Basen-Analysen des Blutes.

Einschätzung der Arbeitstechniken und Interpretation der Meßwerte

Die mit der Äquilibriertechnik zu erhaltenen Werte für den Kohlendioxidpartialdruck und Basenüberschuß weichen gering von den aktuellen Werten in vivo ab, da die bei der nomographischen Auswertung als Geraden gezeichneten pH/log$p$CO$_2$-Kurven leicht gekrümmt sind. Von diesen meßtechnischen Fehlermöglichkeiten sind die Fehler zu unterscheiden, die bei der Interpretation der gewonnenen Größen gemacht werden können. Im Verlauf der Transatlantikdebatte wurde klar, daß die Unterschiede zwischen den in vivo und in vitro Titrationskurven von Blut nicht auf einem Mangel der Meßtechnik beruhen [6.20].

$$CO_2 + H_2O \rightleftharpoons H_2CO_3$$
$$H_2CO_3 + Hb' \rightleftharpoons HHb + HCO_3' \tag{6.19}$$

Im Tonometer verschwindet bei Äquilibrierung des Blutes mit Kohlendioxid für ein entstehendes Hydrogenkarbonation (HCO_3') ein Pufferion (Hb'), so daß die Summe der Pufferbasen konstant bleibt (ΔBÜ = 0). Wird im Blut der Kohlendioxidpartialdruck erhöht, so laufen die oben angegebenen Reaktionen zwar wie im Tonometer ab, das entstehende HCO_3' verteilt sich aber je nach seinem Konzentrationsgefälle zwischen Intravasalraum und Interstitium über den gesamten Extrazellulärraum. Der Basenüberschuß fällt in vivo bei Anstieg des Kohlendioxidpartialdruckes ab, umgekehrt steigt er bei fallendem pCO$_2$ an. Diese Veränderungen sind physiologisch. Sie müssen bei der Interpretation von Säure-Basen-Werten beachtet werden.
Oxihämoglobin ist eine etwa siebzigmal stärkere Säure als reduziertes Hämoglobin. Der Gehalt an Pufferbasen von sauerstoffgesättigtem Blut ist demzufolge geringer als der von teilgesättigtem. Die durch die Äquilibriertechnik mit Gasen erhaltenen aktuellen Werte für den Basenüberschuß werden für hypoxische Blutproben zu niedrig gefunden. Die Korrektur der Werte kann nach Bestimmung der aktuellen Sauerstoffsättigung anhand der Formelbeziehung (2.60) erfolgen. Die Bestimmung des Basenüberschusses aus Meßwerten (pH und pCO$_2$) bei aktueller Sauerstoffsättigung bedarf keiner Korrektur. Nicht immer ist die standardisierte Meßtemperatur (38 °C) mit der Körpertemperatur des Patienten identisch, an dessen Blut Säure-Basen-Analysen ausgeführt werden sollen. Die bei 38 °C bestimmten Säure-Basen-Größen sind unter bestimmten Bedingungen (Unterkühlung, hohes Fieber) auf die aktuelle Körpertemperatur umzurechnen. Das von ROSENTHAL [6.21], für den Vollblut-pH-Wert angegebene Verfahren besitzt nur ein-

geschränkte Gültigkeit. Es hat sich gezeigt, daß der Temperaturkoeffizient nicht konstant −0,0147 ist, sondern zwischen −0,01 (Plasma) und −0,02 (−0,014 Vollblut ♀, −0,015 Vollblut ♂ in Abhängigkeit von der Hämoglobinkonzentration und dem pH-Wert variiert. Umgerechnete pH-Werte bzw. Kohlendioxidpartialdrucke können nur zur Abschätzung der Säure-Basen-Werte bei der aktuellen Temperatur benutzt werden.
SEVERINGHAUS [6.22] gibt für den Temperaturkoeffizienten des Blut-pH-Wertes folgende Beziehung an, die er auch seinem Blutgasrechenschieber zugrunde gelegt hat.

$$\frac{\Delta pH}{\Delta T} = 0{,}0146 - 0{,}0065 \cdot (7{,}40 - pH_{38\,°C}) - 0{,}00003 \cdot \text{BÜ} \tag{6.20}$$

Die Berechnung des Blut-pH-Wertes für die Körpertemperatur t erfolgt dann nach der Beziehung:

$$pH_{(t)} = pH_{38\,°C} - \Delta pH\,(t - 38\,°C) \tag{6.21}$$

Für die Korrektur des pCO_2 auf die Körpertemperatur gibt SEVERINGHAUS folgende Formel an:

$$\log pCO_{2\,(t)} = \log pCO_{2\,(38\,°)} - 0{,}021\,(38\,°C - t) \tag{6.22}$$

Qualitätskontrolle bei Säure-Basen-Analysen

Die Anwendung der pH-Wert-Definition nach SØRENSEN [2.7] hat lange Zeit eine Qualitätskontrolle bei pH-Messungen unmöglich erscheinen lassen. Es gab weder ein absolutmessendes Gerät noch definierte Standards. Jeder praktisch gemessene pH-Wert fiel deshalb um einen kleinen, aber unbekannten Betrag von dem der Definition ab. Ein exakter Vergleich von pH-Meßwerten von Labor zu Labor, die mit unterschiedlichen Meßanordnungen und Eichpuffern beliebiger Autoren gewonnen wurden, war nicht möglich. Erst die Anwendung einer meßtechnisch realisierbaren pH-Arbeitsdefinition (vgl. Abschn. 2.3.3.) auf der Grundlage von pH-Standards stellt die Grundlage für die Einführung der Qualitätskontrolle bei Säure-Basen-Analysen dar.
Wird, wie üblich, mit Glaselektroden gearbeitet, so ist die Eichung mit zwei nach Vorschriften des NBS hergestellten pH-Standards vorzunehmen.

Für die tägliche Kontrolle der Präzision der Meßapparatur und die Richtigkeit der Puffereichung (in bezug auf die *p*H-Arbeitsdefinition), kann die Messung des Phosphatpuffers *p*H = 7,000 bei 38 °C (Tab. 6.2 Na_2HPO_4 0,02702 molar KH_2PO_4 0,01868 molar) erfolgen. Diese Kontrolle gestattet nicht, Temperierungsfehler zu erfassen.

Da aber gerade die ungenügende Temperierung der Meßzelle und/oder des Tonometers durch abgeknickte Temperierwasserschläuche eine häufige Fehlerquelle bei Säure-Basen-Analysen ist, sollte die tägliche Messung der Temperatur des rückfließenden Temperierwassers Bestandteil der Qualitätskontrolle sein. Eine verdeckte Temperaturkontrolle ist möglich durch *p*H-Messungen an Pufferlösungen mit starker Temperaturabhängigkeit. BATES et al. [6.24] haben an Tricinpuffer nach GOOD (Tabelle 6.6) *p*H-Messungen in Abhängigkeit von der Temperatur in bezug auf die NBS-Skale ausgeführt. Der Tricinpuffer ist 0,06 molal an Tricin = Tris (hydroxymethyl)-methylglycin und 0,02 molal an Natriumtricinat. Bei 38 °C besitzt der Puffer einen *p*H-Wert von 7,390 und einen Temperaturgradienten von − 0,017 *p*H/Grad.

Tabelle 6.6 *p*H-Werte für die Pufferlösung Tricin (0,06 m) und Natriumtricinat (0,02 m) von 5 bis 50 °C (Tricin = Tris(hydroxymethyl)methylglycin)

T °C	*p*H
5	8,023
10	7,916
15	7,813
20	7,713
25	7,621
30	7,527
35	7,437
37	7,407
38	7,390
40	7,355
45	7,275
50	7,197

Der Temperaturgradient des Tricinpuffers ist dem des Blutes (mit etwa $-0{,}015$ pH/Grad) vergleichbar. Bei richtiger Eichung der pH-Meßanordnung gibt der pH-Wert des Tricinpuffers mit guter Näherung den temperaturbedingten Fehler der Blut-pH-Meßwerte an.
Die Richtigkeit der Kohlendioxidpartialdrucke (pCO_2) der Prüfgase und die Präzision des Äquilibriervorganges bei der Säure-Basen-Analyse lassen sich durch pH-Messungen an äquilibrierten Natriumhydrogenkarbonatproben bestimmen. Es werden je 50 µl einer 19,91 millimolaren $NaHCO_3$-Lösung in jede Tonometerkammer pipettiert und 10 Minuten äquilibriert. Der pCO_2 läßt sich nach der von SZÖNYI [6.12] angegebenen Gleichung (6.13) berechnen:

$$\log pCO_2 = 9{,}102 - pH \qquad (6.13)$$

Letztlich ist auch die Verwendung kommerzieller Kontrollseren für die Qualitätskontrolle bei Säure-Basen-Analysen möglich. Bei dem VERSATOL-Acid-Base[1] handelt es sich um lyophilisiertes Serum, das nach Hinzufügen einer Rekonstitutionslösung u.a. die Bestimmung des pH-Wertes und des pCO_2 gestattet.
Die statistische Auswertung der Prüfergebnisse der Qualitätskontrolle soll mindestens 20 an unterschiedlichen Tagen gewonnene Meßwerte umfassen.
Es entspricht dem Charakter des pH-Wertes nicht, Variationskoeffizienten zu berechnen. Die Angaben der Präzision kann als Standardabweichung erfolgen.

6.9. Methodische Hinweise zur Bestimmung einiger mit dem Säure-Basen-Gleichgewicht zusammenhängender Ionen

Die Bestimmung des Natriums, Kaliums und Kalziums im Serum und Harn[2]

Prinzip: Es handelt sich um eine flammenfotometrische Bestimmung der Elemente, in dem das Prüfmaterial in geeigneter Verdünnung durch Preßluft fein zerstäubt und als Aerosol einer

[1] Erzeugnis der WARNER CHILCOTT Laboratories, Morris Plains, N.J.
[2] Vgl. DAB 7 (D.L.) Natrium, Kalium, Kalzium [6.11].

Preßluft-Gas-Flamme zugeführt wird. Bei der Temperatur dieser Flamme kommt es zur Emission charakteristischer Spektrallinien der einzelnen Elemente, die durch bestimmte Metallinterferenzfilter isoliert werden. Die Intensität der isolierten Strahlung wird mit Hilfe eines Fotoelementes und eines Skalengalvanometers gemessen und die dieser Intensität entsprechende Konzentration der jeweiligen Eichkurve entnommen.

Bestimmung von Chlorid im Serum und Harn[1]

Prinzip: Quecksilber(II)-Ionen reagieren mit Chloridionen unter Bildung von undissoziierten Quecksilber(II)-Chlorid und bilden bei Überschreitung des Äquivalenzpunktes mit Diphenylkarbazon eine die Lösung violett färbende Komplexverbindung.

Bestimmung des Ammoniums im Harn

Die Bestimmung erfolgt entsprechend dem zweiten Teil der Harnstoff-N-Bestimmung[2].
Prinzip: Ammoniak kondensiert in Gegenwart von Dinatriumpentazyanonitrosylferrat mit Phenol und Natriumhypochlorit zu einem blauen Indophenolfarbstoff, der fotometrisch ausgewertet wird.
Verwendung findet ein 24-h-Sammelharn, der mit Thymol-RL konserviert wurde.

Bestimmung der titrierbaren Azidität im Harn

Prinzip: Ein aliquoter Teil der Harntagesmenge wird mit 0,1 n Natronlauge bei Zimmertemperatur bis zum pH = 7,7 titriert. Der pH-Wert 7,7 ergibt sich aus der Überlegung, daß in den Glomerula ein Plasmaultrafiltrat entsteht (Plasma-pH > Blut-pH, da die Erythrozyten als Zellen einen kleinen pH-Wert aufweisen ($\sim$7,2) und aus der Umrechnung des pH-Wertes von Körpertemperatur auf Zimmertemperatur.
Verwendung findet ein 24-h-Sammelharn, der mit Thymol-RL konserviert wurde.

---

[1] Vgl. DAB 7 (D.L.) Chlorid [6.11].
[2] Vgl. DAB 7 (D.L.) Harnstoff [6.11].

Die Bestimmung der titrierbaren Azidität wird durch die Anwesenheit von NH_4^+ und Ca^{++} beeinflußt [6.23]. Kalzium verursacht eine Erhöhung der titrierbaren Azidität von 0,8 mval/l je 1 mmol Ca^{++}/l Harn. Der Wert für Ammonium beträgt 3,5 mval/l je 100 mval NH_4^+/l Harn.

Bestimmung des Hydrogenkarbonats im Harn

Die Bestimmung des Hydrogenkarbonats im Harn ist wegen seiner geringen Aussagefähigkeit abzulehnen (vgl. Abschnitt 4.4.).

Literaturverzeichnis

Literatur zu Kapitel 2

[2.1] RELMAN, A. S.: What are "acids" and "bases". Amer. J. Med. *17* (1954), 435.

[2.2] DAVENPORT, H. W.: The ABC of Acid-Bases-Chemistry. Univ. Chicago Press, Chicago, 1958.

[2.3] CHRISTENSEN, H. N.: Control of the hydrogenion. New Engl. J. Med. *247* (1952), 174.

[2.4] CREESE, R., M. W. NELL, J. M. LEDINGHAM and D. W. VERE: The terminology of acid-base regulation. Lancet I/1962, 419.

[2.5] JØRGENSEN, K., and P. ASTRUP: Standard bicarbonate, its clinical significance, and a new method for its determination. Scand. J. clin. Lab. Invest. *9* (1957), 122.

[2.6] ASTRUP, P., O. SIGAARD-ANDERSEN, K. JØRGENSEN and K. ENGEL: The acid-base metabolism. A new approach. Lancet I/1960, 1035.

[2.7] SCHWARTZ, W. W., and A. S. RELMAN: A critique of parameters used in the evaluation of acid-base disorders.

[2.8] BUNKER, J. P.: The great Trans-Atlantic acid-base debate. Anesthesiology *26* (1965), 591.

[2.9] BRACKETT, N. C., J. J. COHEN and W. B. SCHWARTZ: Carbon dioxide titration curve of normal man. New Engl. J. Med. *272* (1965), 6.

[2.10] DAHMS, H., R. ROCK and D. SELIGSON: Ionic activities of sodium, potassium and chloride in human serum. Clin. Chem. *14* (1968), 859.

[2.11] DAVIS, R. P. L.: A Gibbsian view of acid-base balance. Amer. J. Med. *42* (1967) 159,.

[2.12] SCHWABE, K.: *p*H-Meßtechnik. Dresden–Leipzig, 1963.

[2.13] BATES, R. G.: Determination of *p*H; Theory and Practice. New York, 1973.

[2.14] BATES, R. G.: Revised standard values for *p*H measurements from 0 to 95 °C. J. Research NBS *66* (1962), 179.

[2.15] KÜSTER, F. W., A. THIEL und K. FISCHBECK: Logarithmische Rechentafeln. Berlin, 1956.
[2.16] WADDEL, W. J., and R. G. BATES: Intracellular *p*H. Physiol. Rev. *49* (1969), 285.
[2.17] BYRTELS, H., und R. WRBITZKY: Bestimmung des CO_2-Absorptionskoeffizienten zwischen 15 und 38 °C in Wasser und Plasma. Pflügers Arch. ges. Physiol. *271* (1960), 162.
[2.18] SIGGAARD-ANDERSEN, O.: The acid-base status of the blood. Copenhagen, 1967.
[2.19] SIGGAARD-ANDERSEN, O.: The first dissociation exponent of carbonic acid as a function of *p*H. Scand. J. clin. Lab. Invest. *14* (1962), 587.
[2.20] ROOTH, G.: Introduction to acid-base and electrolyte balance. Studentlitteratur, Lund (Sweden) 1967.
[2.21] SIGGAARD-ANDERSEN, O.: The *p*H-lg pCO_2 blood acid-base nomogram revised. Scand. J. clin. Lab. Invest. *14* (1962), 1.
[2.22] HEISLER, N., und R. SCHORER: Eine graphische Darstellung des Säure-Basen-Haushaltes zur quantitativen Therapie seiner Störungen. Anaesthesist *19* (1970), 93.
[2.23] SIGGAARD-ANDERSEN, O.: An acid-base-chart for arterial blood with normal- and pathophysiological reference areas. Scand. J. clin. Lab. Invest. *27* (1971), 239.
[2.24] SEVERINGHAUS, J. W.: Blutgas-Rechenstab. Firmenschrift, Radiometer, Copenhagen ST 46 NV.
[2.25] MAAS, A. H. J., und A. N. P. VAN HEIJST: Comparisen of the *p*H of arterial blood with arterialised blood from earlobe with Astrups Micro-Glaselektrode. Clin. chim. Acta (Amsterdam) *6* (1961), 31.
[2.26] MAAS, A. H. J., und A. N. P. VAN HEIJST: The accuracy of the micro-determination of the pCO_2 of blood from the ear-lobe. Clin. chim. Acta (Amsterdam) *6* (1961), 34.
[2.27] SIGGAARD-ANDERSEN, O.: Acid-base and blood gas-parameters – arterial or capillary blood? Scand. J. clin. Lab. Invest. *21* (1968), 289.
[2.28] ZAHN, R. L., und M. H. WEIL: Central venous blood for monitoring *p*H and pCO_2 in the critically ill patient. J. Thorac. Cardiovasc. Surg. (St. Louis) *52* (1966), 105.
[2.29] SUTTON, R. N., R. F. WILSON und A. J. WALT: Differences in acid-base levels and oxygensaturation between central venous and arterial blood. Lancet II/1967, 748.
[2.30] WINTERS, R. W.: The validity of the Astrup technique for the measurement of acid-base status of blood. Firmenschrift, Radiometer, Copenhagen AS 36.
[2.31] MENTZEL, H.: Stoffwechsel der Neugeborenen, Hrsg. G. JOPPICH und H. WOLF. Stuttgart, 1970, 68.

[2.32] SALING, E.: Das Kind im Bereich der Geburtshilfe. Stuttgart, 1966.
[2.33] KILDEBERG, P.: Clinical acid-base physiology, studies in neonates, infants and young children. Copenhagen, 1968.
[2.34] LANGENDORF, H.: Säure-Basen-Gleichgewicht und chronische acidogene und alkalogene Ernährung. Zschr. f. Ernährungswiss. Suppl. *2* (1961), 1.
[2.35] HERTZ, C. W., und K. SCHUMANN: Tagesschwankungen der arteriellen Blutgase. Klin. Wschr. *48* (1970), 399.
[2.36] ROOTH, G.: Fetal respiration. Acta paediat. scand. *52* (1963), 22.
[2.37] WINTERS, R. W., K. ENGEL und R. B. DELL: Acid-base physiology in medicine. Radiometer, Copenhagen, 1969.
[2.38] RIEGEL, K.: Die arteriellen Blutgase im ersten Lebensjahr. Klin. Wschr. *41* (1963), 249.
[2.39] PROENCA, J., und J. WENNER: Zur Bestimmung der alveolären CO_2-Spannung im Säuglingsalter. Klin. Wschr. *40* (1962), 898.
[2.40] SHOCK, N. W., and A. B. HASTINGS: Studies of the acid-base balance of the blood. III. Variation in the acid-base balance of the blood in normal individuals. J. biol. Chem. *104* (1934), 585.
[2.41] BALDWIN, E., F. A. DE COURNAND and D. W. RICHARDS: Pulmonary insufficiency. I. Physiological classification, clinical methods of analysis, standard values in normal subjects. Medicine (Baltimore) *27* (1948) 243.
[2.42] GAMBINO, S. R.: Normal values for adult human venous plasma *p*H and CO_2 content. Ann. J. Clin. Pathol. *32* (1959), 294.
[2.43] GIBBS, E. L., W. G. LENNOX, L. F. NIMS and F. A. GIBBS: Arterial and cerebral venous blood – arterial-venous difference in man. J. biol. Chem. *144* (1942), 325.
[2.44] d'ELSEAUX, F. C., F. C. BLACKWOOD, L. E. DALMER und K. G. SLOMAN: Acid-base equilibrium in the normal. J. biol. Chem. *144* (1942), 529.
[2.45] WILSON, R. H.: *p*H of whole arterial blood. J. Lab. clin. Med. *37* (1951), 129.
[2.46] KINZLMEIER, H.: Untersuchungen über das Säure-Basen-Gleichgewicht bei Gesunden und Kranken. Z. klin. Med. *154* (1956), 55.
[2.47] Deutsches Arzneibuch 7. Ausg., (D. L.) – DDR, Berlin, 1969.
[2.48] SCHWAB, M., und W. WISSER: Zur Methodik der Blut-*p*H-Messung. Klin. Wschr. *40* (1962), 713.
[2.49] PURCELL, M. K., G. M. STILL, TH. RODMAN and H. P. CLOSE: Determination of the *p*H of haemolyzed packed red cells from arterial blood. Clin. Chem. *7* (1961), 536.
[2.50] GAMBINO, S. R., P. ASTRUP, R. G. BATES, E. J. M. CAMPBELL, O. SIGGAARD-ANDERSEN and R. W. WINTERS: Sampling, calibration, normals, graphs and reporting for acid-base studies. Ann. N.Y. Acad. Sci. *133* (1966), 259.

[2.51] ULMER, W. T., und G. REICHEL: Untersuchungen über die Altersabhängigkeit der alveolären und arteriellen Sauerstoff- und Kohlensäuredrucke. Klin. Wschr. *41* (1963), 1.

[2.52] SCHWAB, M.: Das Säure-Basen-Gleichgewicht im arteriellen Blut und Liquor bei chronischer Niereninsuffizienz. Klin. Wschr. *40* (1962), 765.

[2.53] SOMMERKAMP, H., und K. BOMKE: Zur Analyse des intracellulären Säure-Basen-Gleichgewichts im Erythrozyten. Klin. Wschr. *42* (1964), 392.

[2.54] BARTELS, O., und J. WENNER: Standardbicarbonat, *p*H und CO_2-Druck im „arterialisierten" Blut gesunder Säuglinge nach der Neugeborenenperiode bis zum Ende des ersten Lebensjahres. Klin. Wschr. *43* (1965), 437.

[2.55] WULF, H.: Einfluß der spontanen und induzierten Wehentätigkeit auf den Säure-Basen-Status von Mutter und Kind. In: Stoffwechsel des Neugeborenen, G. JOPPICH und H. WOLF (Hrsg.). Stuttgart, 1970, 45.

[2.56] KAUFMANN, W., J. GREVEN und F. DÜRR: Säure-Basen-Gleichgewichte bei Lebererkrankungen. Dtsch. med. Wschr. *91* (1966), 2067.

[2.57] ASTRUP, P., K. ENGEL, J. W. SEVERINGHAUS and E. MUNSON: The influence of temperature and *p*H on the dissociation curve of oxihaemoglobin of human blood. Scand. J. clin. Lab. Invest. *17* (1965), 6.

[2.58] HARNED, H. S., and B. B. OWEN: The physical chemistry of electrolytic solutions. Reinhold Publishing Corp., New York, 3. Aufl.

[2.59] KLOTZ, J. M.: Energetik biochemischer Reaktionen. Verlag G. Thieme, Stuttgart, 1970.

[2.60] KORTÜM, G.: Einführung in die chemische Thermodynamik. Weinhein, Bergstraße, 1963.

[2.61] ROBINSON, R. A., and R. H. STOKES: Electrolyte solutions. Butterworths Sci. Publ., London, 1959.

[2.62] SCHWABE, K.: Physikalische Chemie. Akademie-Verlag, Berlin, 1973.

Literatur zu Kapitel 3

[3.1] PITTS, R. F.: Über aktive Transportmechanismen in den Tubuli der Niere. Klin. Wschr. *33* (1955), 365.

[3.2] SHANNON, J. A.: Physiol. Rev. *16* (1939), 63.

[3.3] BERLINER, R. W., T. J. KENNEDY jr. and J. G. HILTON: J. clin. Invest. *28* (1949), 770.

[3.4] BERLINER, R. W.: Renal excretion of potassium and hydrogen ions. Fed. Proc. *11* (1952), 695.

[3.5] BRAZEAU, P., and A. GILMAN: Effect of plasma pCO_2-tension on renal tubular reabsorption of bicarbonate. Amer. J. Physiol. *175* (1953), 33.
[3.6] PITTS, R. F., J. L. AYER and W. A. SCHIESS: J. clin. Invest. *28* (1949), 35.
[3.7] NASH, T. P., and S. R. BENEDICT: The ammonia content of the blood and its bearing on the mechanism of acid neutralization in the animal organism. J. biol. Chem. *48* (1921), 463.
[3.8] VAN SLYKE, D. D., R. A. PHILLIPS, P. B. HAMILTON, R. M. ARCHIBALD, P. H. FUTCHER and A. HILLER: Glutamine as source material of urinary ammonia. J. biol. Chem. *150* (1943), 481.
[3.9] PITTS, R. F.: Renal excretion of acid. Fed. Proc. *7* (1948), 418.
[3.10] RYBERG, C.: On the formation of ammonia in the kidneys during acidosis. Acta physiol. scand. *15* (1949), 114.
[3.11] RECTOR, F. C., D. W. SELDIN and J. H. COPENHAVER: The mechanism of ammonia excretion during ammonium chloride acidosis. J. clin. Invest. *34* (1955), 20.
[3.12] SCHWAB, M., und H. DAMMASCHKE: Atmung, Säure-Basen-Gleichgewicht und NH_3/NH_4^+ in Blut und Liquor cerebrospinalis bei Leberzirrhose. Klin. Wschr. *40* (1962), 184.
[3.13] FERGUSON, E. B., jr.: A study of the regulation of the rate of urinary ammonia excretion in the rat. J. Physiol. *112* (1951), 420.
[3.14] MILNE, M. D., B. H. SCHIBNER and M. A. CRAWFORD: Non ionic diffusion and the excretion of weak acids and bases. Amer. J. Med. *24* (1958), 709.
[3.15] ORLOFF, J., and R. W. BERLINER: The mechanism of the excretion of ammonia in the dog. J. clin. Invest. *35* (1956), 223.
[3.16] CLARKE, E., B. M. EVANS, J. MAC INTYRE and M. D. MILNE: Acidosis in experimental electrolyte depletion. Clin. Sci. *14* (1955), 421.
[3.17] RELMAN, A. S., B. ETSTEN and W. B. SCHWARTZ: The regulation of renal bicarbonate reabsorption by plasma carbon dioxide tension. J. clin. Invest. *32* (1957), 972.
[3.18] DORMAN, P. J., W. J. SULLIVAN and R. F. PITTS: The renal response to acute respiratory acidosis. J. clin. Invest. *33* (1954), 82.
[3.19] RECTOR, F. C. et al.: J. clin. Invest. *39* (1960), 1706.
[3.20] SINGER, R. B., J. R. ELKINGTON, E. S. BARKER and J. K. CLARKE: Transfers of cellular cations during acute respiratory alkalosis and acidosis experimentally produced in man. J. clin. Invest. *32* (1953), 604.
[3.21] DENTON, D. A., et al.: Renal regulation of the extracellular fluid in acute respiratory acidaemia. Aust. J. exp. Biol. med. Sci. *30* (1952), 489.

[3.22] DOWDS, E. G., E. V. BRICKNER and E. E. SELKURT: Renal response to hypercapnia. Proc. Soc. exper. Biol. (N.Y.) *84* (1953), 15.

[3.23] OCHWADT, B.: Über Rückresorption und Ausscheidung von Bicarbonat durch die Niere während der Hyperventilationsalkalose. Pflügers Arch. ges. Physiol. *252* (1950), 529.

[3.24] STANBURY, S. W., and A. E. THOMSON: The renal response to respiratory alkalosis. Clin. Sci. *11* (1952), 357.

[3.25] WINTERS, R. W., and R. B. DELL: Regulation of acid-base equilibrium from "Physiological controls and regulations". Eds. YAMAMOTO, W. S., and J. R. BROBECK. W. B. Saunders Comp., Philadelphia and London, 1965.

[3.26] SCHWARTZ, W. B., C. VAN YPERSELE DE STRIHOU and J. P. KASSIRER: Role of anions in metabolic alkalosis and potassium deficiency. New Engl. J. Med. *279* (1968), 630.

[3.27] McCANCE, R. A., and E. M. WIDDOWSON: The response of the kidney to an alkalosis during salt deficiency. Proc. roy. Soc. (Lond.), Ser. B, *120* (1936), 228.

[3.28] HERMS, W.: Die Auswirkungen von Störungen des Elektrolythaushaltes auf Struktur und Funktion der Nieren. Klin. Wschr. *45* (1967), 1169.

[3.29] SCHWARTZ, W. B., and A. S. RELMAN: Effects of electrolyte disorders on renal structure and function. New Engl. J. Med. *276* (1967), 383 and 452.

[3.30] PITTS, R. F.: Modern concepts of acid-base regulation. Arch. Int. Med. *89* (1952), 864.

[3.31] SARTORIUS, O. W., J. C. ROEMMELT and R. F. PITTS: The renal regulation of acid-base balance in man: IV. The nature of the renal compensations in ammonium chloride acidosis. J. clin. Invest. *28* (1949), 423.

[3.32] KRÜCK, F.: Titrierbare Urinazidität und Ammoniumausscheidung bei Störungen der Hydrogenionenbilanz. Klin. Wschr. *36* (1958), 946.

[3.33] PHEAR, D. N.: Vortragsreferat, Conference of Diabetes, betr. Effects of Acidosis. Brit. med. J. *1963*, 1581.

[3.34] SIGGAARD-ANDERSEN, O.: The acid-base status of the blood. Munksgard, Copenhagen, 1967.

[3.35] BALDWIN, E.: Das Wesen der Biochemie. Verlag G. Thieme, Stuttgart, 1970.

[3.36] BÁLINT, P.: Normale und pathologische Physiologie der Nieren. VEB Verlag Volk und Gesundheit, Berlin, 1969.

[3.37] BAUR, H.: Respiration und Kohlensäurehaushalt. Schattauer-Verlag, Stuttgart, 1963.

[3.38] BAUR, H.: Fortschritte in der Differenzierung akuter Elementargefährdungen des Lebens. Wien. med. Wschr. *115* (1965) 789.

[3.39] BERLINER, R. W.: Some aspects of ion exchange in electrolyte transport by the renal tubulus from "Metabolic aspects of transport across cell membranes". Ed. by Q. R. MURPHY, Madison-University of Wisconson Press, 1957.
[3.40] DRISCHEL, H.: Medizin, Biologie und Kybernetik, in „Kybernetik in Wissenschaft, Technik und Wirtschaft der DDR". Akademie-Verlag, Berlin, 1963, S. 154.
[3.41] HARMS, W.: Zoobiologie. VEB G. Fischer Verlag, Jena, 1961.
[3.42] KERPEL-FRONIUS, E.: Pathologie und Klinik des Salz- und Wasserhaushaltes. Verlag der Ung. Akad. d. Wiss., Budapest, 1959.
[3.43] LANGENDORF, H.: Zur Physiologie des Säure-Basen-Haushalts. Z. Ernährungswiss., Suppl. *1* (1961), 1.
[3.44] LOESCHKE, H. H.: Beziehungen zwischen CO_2 und Atmung. Anaesthesist *9* (1960), 38.
[3.45] KRUHØFFER, P.: Handling of alkali metal ions by the kidney, aus „Handbuch der experimentellen Pharmakologie". Vol. 13, Teil II, S. 233. Springer-Verlag, Berlin, 1960.
[3.46] ZWEYMÜLLER, E.: Die renale Regelung des Säure-Basen-Haushalts. Z. Ernährungswiss., Suppl. *1* (1961), 14.

Literatur zu Kapitel 4

[4.1] BRACKETT, N. C., J. J. COHEN and W. B. SCHWARTZ: Carbon dioxide titration curve of normal man. New Engl. J. Med. *272* (1965), 6.

Literatur zu Kapitel 5

[5.1] BLEICH, H. L., and W. B. SCHWARTZ: Tris buffer (THAM). An appraisal of its physiologic effects and clinical use fulness. New Engl. J. Med. *274* (1966), 782.
[5.2] MÜLLER-PLATHE, O.: Klinisch-pharmakologische Grundlagen der Azidose-Behandlung. Münch. med. Wschr. *107* (1965), 583.
[5.3] NAHAS, G. G.: The clinical pharmacology of THAM. Clin. Pharm. Ther. *4* (1963), 784.
[5.4] NAHAS, G. G.: Use of anorganic carbondioxide buffer in vivo. Science *129* (1959), 782.

Literatur zu Kapitel 6

[6.1] ASTRUP, P.: A new approach to acid-base metabolism. Clin. Chem. (N.Y.) *7* (1961), 1.

[6.2] SCHWARTZ, W. B., und A. S. RELMAN: A critique of the parameters used in the evaluation of acid-base disorders. New Engl. J. Med. *268* (1963), 1382.

[6.3] SEVERINGHAUS, J. W., und A. F. BRADLEY: Electrodes for blood pO_2 and pCO_2 determination. J. appl. Physiol. *13* (1958), 515.

[6.4] THIELE, W., E. EGGER, G. ZACHRAU und G. ANDERS: Eine Methode zur Analyse der Störungen des Säure-Basen-Gleichgewichtes für kleine klinische Laboratorien. Z. ges. inn. Med. *21* (1966), 702.

[6.5] WADDEL, W. J., und R. G. BATES: Intracellular *p*H. Physiol. Rev. *49* (1969), 285.

[6.6] LENGYEL, B. V., und E. BLUM: The behaviour of the glass electrode in connection with its chemical composition. Trans. Faraday Soc. *30* (1934), 461.

[6.7] SUSCHKE, H. D.: Leitung des elektrischen Stromes in Elektrodengläsern mit Halbleiterzusätzen. Dissertation, TU Dresden, 1963.

[6.8] SCHWABE, K., und H. D. SUSCHKE: Theorie der Glaselektrode. Angew. Chem. *76*, (1964) 39.

[6.9] SIGGAARD-ANDERSEN, O.: Factors affecting the liquid-junction potential in electrometric blood *p*H measurement. Scand. J. clin. Lab. Invest. *13* (1961) 205.

[6.10] NEUMANN, H.: Beitrag zur Bestimmung des Säure-Basen-Status des Blutes. Dissertation, TU Dresden, 1969.

[6.11] Deutsches Arzneibuch 7. Ausg.: DAB 7 (D.L.) – DDR. Akademie-Verlag, Berlin, 1972.

[6.12] SZÖNYI, S.: Technische Einzelheiten beim Arbeiten mit der Astrup-Apparatur. Clin. Chim. Acta (Amsterdam) *9* (1964), 314.

[6.13] SIGGAARD-ANDERSEN, O.: The acid-base-status of the blood. Munksgaard, Copenhagen, 1963.

[6.14] CLARK, L. C.: Monitor and control of blood and tissue oxygen tension. J. Trans. Amer. Soc. Art. Int. Organs Vol. II, (1956) 41.

[6.15] SIGGAARD-ANDERSEN, O.: The *p*H-lg pCO_2 blood acid-base nomogram revised. Scand. J. clin. Lab. Invest. *14* (1962), 1.

[6.16] MAAS, A. H. J., and A. N. P. VAN HEIJST: The accuracy of the micro-determinations of the pCO_2 of blood from the ear-lobe. Clin. Chim. Acta (Amsterdam) *6*, (1961) 34.

[6.17] HERTEL, H., und R. BURK: Die Mikroblutentnahme vom Feten. Med. Labor. *23*, (1970) 1.

[6.18] SIGGAARD-ANDERSEN, O.: Sampling and storing of blood for determination of acid-base-status. Scand. J. clin. Lab. Invest. *13* (1961), 196.

[6.19] SIGGAARD-ANDERSEN, O.: Blood acid-base alignment nomogram. Scand. J. clin. Lab. Invest. *15* (1963) 211.

[6.20] WINTERS, R. W.: Some comments on the validity of the Astrup technique for the measurement of acid-base-status of blood. Firmenschrift Radiometer, Copenhagen AS 36.

[6.21] ROSENTHAL, T. B.: The effect of temperature on the *p*H of blood and plasma in vitro. J. Biol. Chem. *173* (1948), 25.

[6.22] SEVERINGHAUS, J. W.: Blood gas calculator. Firmenschrift, Radiometer, Copenhagen SF 36.

[6.23] LEMANN, J., E. J. LENNON und J. BROCK: A potential error in the measurement of urinary titratable acid. J. Lab. clin. Med. *67* (1966), 906.

[6.24] BATES, R. G., R. N. ROY and R. A. ROBINSON: Buffer Standards of Tris (hydroxymethyl) methylglycine ("Tricine") for the Physiological Range *p*H 7,2 to 8,5. Analyt. Chem. *45* (1973), 1663 to 1666.

Sachregister

<u>GPSR Compliance</u>

The European Union's (EU) General Product Safety Regulation (GPSR) is a set of rules that requires consumer products to be safe and our obligations to ensure this.

If you have any concerns about our products, you can contact us on ProductSafety@springernature.com

In case Publisher is established outside the EU, the EU authorized representative is:

Springer Nature Customer Service Center GmbH
Europaplatz 3
69115 Heidelberg, Germany

Batch number: 10577915

Printed by Printforce, the Netherlands